科学消毒健康生活必备指导丛书

养殖场消毒

——降低养殖成本提高成活率

王一笑　主编

U0313237

化学工业出版社

·北京·

本书分十章，包括养殖场消毒基础；养殖场消毒方法；养殖场常用消毒设备及其使用方法；养殖场常规性消毒；养猪场消毒技术；养鸡场消毒技术；养羊场消毒技术；养牛场消毒技术；其他类型养殖场消毒技术；消毒效果的检查。

本书介绍的消毒理论通俗易懂，消毒方法可操作性强，可供广大养殖户、畜禽养殖场技术人员、畜牧兽医工作者和农业学校相关专业师生参阅。

图书在版编目（CIP）数据

养殖场消毒：降低养殖成本提高成活率/王一笑主编. —北京：化学工业出版社，2018.7
（科学消毒健康生活必备指导丛书）
ISBN 978-7-122-32041-4

Ⅰ. ①养⋯　Ⅱ. ①王⋯　Ⅲ. ①畜禽-养殖场-消毒
Ⅳ. ①S851.2

中国版本图书馆CIP数据核字（2018）第 082585 号

责任编辑：左晨燕

责任校对：宋　玮　　　　　　　　装帧设计：韩　飞

出版发行：化学工业出版社（北京市东城区青年湖南街13号　邮政编码100011）
印　　装：三河市延风印装有限公司
710mm×1000mm　1/16　印张12¼　字数197千字　2018年10月北京第1版第1次印刷

购书咨询：010-64518888（传真：010-64519686）　售后服务：010-64518899
网　　址：http://www.cip.com.cn
凡购买本书，如有缺损质量问题，本社销售中心负责调换。

定　　价：39.80元

本书编委会

主编　王一笑

参编人员

马艳霞　范小波　阮元龙　李悠然
苏志金　袁心蕊　谷　雪　张期全
赵文杰　赵红梅　王小伟　席守煜

前言

　　我国畜禽养殖业从分散、个体经营逐渐向大规模集约化方向发展，畜禽疫病的防治，特别是畜禽传染病的防治对养殖业发展至关重要。控制畜禽传染病的发生和流行需要采用多种措施，其中消毒是一个重要措施。消毒是指用物理或化学等方法杀灭病原体或使其失去活性，以防止和消灭家禽传染病。降低养殖成本、提高成活率及生产性能是养殖者需注意的关键问题，养殖者应提高消毒管理意识、加强消毒管理。

　　本书内容丰富实用，语言通俗易懂。全书共分十章，主要介绍了与养殖场消毒有关的基础知识，养殖场消毒方法，养殖场常用消毒设备及其使用方法，养殖场常规性消毒，各类养殖场消毒技术，以及消毒效果的检查。

　　限于编者编写时间和水平，书中不足和疏漏之处在所难免，敬请读者提出修改建议。

编者

2018 年 6 月

目录

目

录

第一章
养殖场消毒基础

第一节　与养殖场消毒有关的基本概念

一、消毒

消毒是指清除或杀灭外环境中病原微生物及其他有害微生物。这里所说的"外环境"，开始是指无生命物体的表面，但近年来，将清除或杀灭体表皮肤、黏膜及浅表体腔的有害微生物亦称为消毒。在对"消毒"一词含义的理解上，需要强调两点：①消毒是针对病原微生物和其他有害微生物的，并不要求清除或杀灭所有微生物；②消毒是相对的而不是绝对的，它只要求将有害微生物的数量减少到无害程度，而并不要求把所有病原微生物全部杀灭。

二、灭菌

清除或杀灭一切活的微生物，包括致病性微生物和非致病性微生物的物理的或化学的方法称为灭菌。灭菌和无菌的含义是相对的，灭菌是指完全破坏或杀灭所有的微生物，但是，要做到完全无菌是困难的，在工业灭菌上可接受的标准为百万分之一，即在100万个试验对象中，可有1个以下的样品有菌生长。

灭菌不仅用于制药工业、食品工业、微生物实验室，而且在医学临床和兽医学研究工作中应用很广泛。例如对手术器械、敷料、药品、注射器材、养殖业的疫源地及舍、槽、饮水设备等，细菌、芽孢和某些抵抗力强的病毒，采用一般的消毒措施不能将其杀灭，对这些病原体污染的物品，需要采取灭菌措施。

三、灭菌剂

灭菌剂是指能杀灭一切微生物（包括细菌的繁殖体、芽孢，真菌的菌丝和孢子，病毒等）的化学药品。畜禽养殖业常用的灭菌剂有甲醛、环氧乙烷、戊二醛、乙醇、β-丙内酯、过氧乙酸等。从广义方面讲，灭菌剂亦应包括那些能达到同样作用的物理方法，例如热力灭菌（高压灭菌和干烤）、电离辐射灭菌、紫外线灭菌、过滤除菌等。一般来说，既能杀灭细菌的繁殖体又能杀灭芽孢的药物或物理因子才能称为灭菌剂，而所有的灭菌剂均为优良的消毒剂。

四、防腐

抑制微生物（含致病和非致病性微生物）生长繁殖，以防止活体组织受感染或其他生物制品、食品、药品等发生腐败的措施均称为防腐。与消毒的区别在于，防腐仅能抑制微生物的生长繁殖，而并非必须杀灭微生物，本质上只是效力强弱的差异或抑菌、灭菌强度上的差异。

五、防腐剂

防腐剂是指用于破坏或抑制微生物生长繁殖的化学药物。大多数防腐剂在一定情况下是可以杀菌的，但在一定情况下则仅有抑菌作用，这取决于药品的使用浓度、环境温度、pH 值、微生物的种类、有机物存在的情况等因素。

六、杀微生物剂

能够破坏微生物结构、杀灭致病性微生物的化学药品或某些物理因子称为杀微生物剂。这类药品基本上无杀灭芽孢的能力。可用于活组织或无生命物体表面的消毒。

七、杀菌剂

杀菌剂是指杀灭细菌的药物，可以杀灭致病菌和非致病菌，但基本上不包括细菌的芽孢。用于无生命物体表面消毒或活体动物体表和黏膜消毒。杀菌剂与杀微生物剂的区别在于：①在杀菌方面，杀菌剂作用强度稍强于杀微生物剂，但作用范围仅限于细菌；②杀微生物剂作用不仅包括对细菌的杀灭和破坏，还包括对真菌、病毒等其他微生物的杀灭和破坏。

八、杀真菌剂

杀真菌剂是指杀灭真菌的化学药品，既能杀灭真菌的繁殖体，又能杀灭真菌的孢子。可用于动物体表面和黏膜及无生命物体表面的消毒。

九、杀病毒剂

杀病毒剂是指破坏或杀灭病毒的化学药物，特别指用于动物体或活组织表面的药物。

十、杀生剂

杀生剂是指杀灭一切活的生命体，包括致病性和非致病性的低等生物和高等生物的物质，主要指杀灭微生物的药物，这类药物既可杀灭繁殖体型微生物，又可杀灭芽孢，故称为杀生剂。

十一、杀芽孢剂

杀芽孢剂是指杀灭细菌芽孢和真菌孢子的药物，一般是指用于无生命物体表面的消毒灭菌的化学药品，如强碱、强酸、醛类和强氧化剂等灭菌剂。

十二、清洁与洗涤法

应用化学消毒剂或清洁液及洗涤剂，如表面活性剂、消毒剂、强酸配制的清洁液以及皂类、各种洗衣粉类，将无生命物体表面或活体表面污染的细菌数量及其他污物降低到公共卫生规定的安全水平以下的方法。如手术人员的刷手，饲养动物的料槽、水槽以及笼舍框架的卫生和实验器材的洗涤与消毒，均属清洁范畴。

十三、杀菌效果和杀灭率

两者都用于表示消毒效果，但表示的方式不同。杀菌效果（GE）用消毒后菌数比消毒前（或对照组）菌数减少的对数值表示；杀灭率（KR）用消毒过程中杀灭微生物的百分率表示。

两者计算公式如下：

$$GE = \lg N_C - \lg N_D \tag{1-1}$$

$$KR = \frac{N_C - N_D}{N_C} \times 100\% \tag{1-2}$$

式中 N_C——消毒前（或对照组）菌数；

N_D——消毒后菌数。

类似的消毒指标如下。

1. 清除率

清除率是指应用消毒剂后，物品上微生物清除的百分率。

2. 阻留率

阻留率是指滤过除菌时，微生物被阻留的百分率。

3. 衰亡率

衰亡率是指微生物自然死亡的百分率。

4. 消亡率

消亡率是指空气中微生物沉降与死亡之和占原有微生物的百分率。

5. 灭除率

灭除率是指污染物体表面的微生物被杀灭和清除的总和占原有微生物的百分率。

十四、杀灭指数

杀灭指数（KI）是指消毒后微生物减少的程度。计算公式为：

$$KI= \frac{N_C}{N_D} \tag{1-3}$$

十五、存活率

存活率（SR）是指消毒或灭菌处理后仍然存活微生物的百分率。

$$SR= \frac{N_t}{N_0} \times 100\% \tag{1-4}$$

式中　N_0——原有菌数；

N_t——消毒 t 时间后存活菌数。

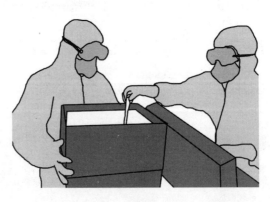

第二节 养殖场消毒的重要意义

当前养殖场饲养成本不断上升，养殖利润不断降低，这些问题不断困惑着养殖者。出现这种情况除了饲料原料、饲养人力成本增加等因素外，养殖成活率不高、生产性能不达标也是最主要的因素之一。

所以降低养殖成本、提高成活率及生产性能是养殖者需注意的关键问题。养殖者应提高消毒管理意识、加强消毒管理。

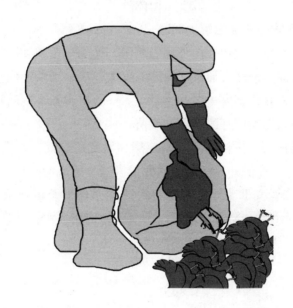

在我国目前的养殖状况下，养殖场任何疾病防控的关键都是提高生物安全、加强消毒管理。而我国养殖状态是，占养殖量绝大多数的是中小养殖场及农村剩余劳动力进行的养殖。养殖过程中往往不注重消毒管理，经常出现以下问题。

1. 养殖场常常忽略与外界隔离的重要性

由于厂址选择、管理不善等原因，养殖场与外界环境成为事实上的各种物品（特别是污染物）、带菌人员畅通无阻的交流场所，致使疾病广泛传播。

2. 常常忽略动物与粪尿隔离的重要性

地面平养的养殖方式使动物与其排出的粪尿时刻接触，一旦少数动物感染，地面含有丰富营养的粪尿就是细菌良好的培养基，使其迅速繁殖，结果使疾病不断加重。

因此，实行网上饲养，使动物生活在与粪尿隔离的环境中，是有效控制疾病所必需的设施。

3. 消毒意识不强，忽视消毒的重要性

消毒是把疾病挡在养殖场或动物体外的关键技术手段。它的作用是疫苗防疫、抗生素防控所无法解决的。

① 病原体存在于动物舍内外环境之中，达到一定浓度即可诱发疾病。

② 过高的饲养密度可加快病原体的聚集速度，增加疾病感染概率。

③ 疾病多为混合感染（合并感染），一种抗生素不能治疗多种疾病。

④ 许多疾病尚无良好的药物和疫苗。

⑤ 疫苗接种后，抗体产生前是疾病高发的危险期，初期抗体效力低于外界污染程度时，降低外界病原体的数量可减少感染的机会。

所以，消毒意义非常重大。消毒可广谱杀菌、杀毒，杀灭体外及其环境存在的病原微生物。通过消毒可以减少药物使用成本，并且消毒无体内残留的问题。所以消毒是性价比最高的保健措施。

4. 养殖场往往对消毒存在错误的认识

① 认为接种疫苗就安全了，不按规定消毒。

② 病原微生物看不见、摸不着，对消毒无信心。对消毒效果持怀疑态度。

③ 药品可保健治疗，对地面环境消毒无价值。

④ 重视进舍前的消毒，忽视进舍后的消毒。

⑤ 消毒不彻底、不规范、不持久。

⑥ 忽视动物体、空气、饮水及地面消毒。

⑦ 消毒池根本没有或形同虚设。

⑧ 消毒剂选择使用不当，致使消毒效果不佳。

⑨ 对疫苗的期望过高。认为只要接种了疫苗就万事大吉，客观情况是

疫苗的保护力是相对有限的，疫苗不能替代环境消毒，只有良好的管理，动物有健康的体质，疫苗才能发挥最佳效力。

第三节　养殖场消毒的种类

按照消毒目的，养殖场消毒可分为预防消毒（定期消毒）、紧急消毒和终末消毒。

一、预防消毒

为了预防传染病的发生，对畜禽圈舍、畜禽场环境、用具、饮水等所进行的常规、定期的消毒。如对健康的动物群体或隐性感染的群体，在没有被发现有某种传染病或其他传染病的病原体感染或存在的情况下，对可能受到某些病原微生物或其他有害微生物污染的畜禽饲养的场所和环境物品进行的消毒。另外，畜禽养殖场的附属部门，如兽医站，门卫，提供饮水、饲料、运输车等的部门的消毒均为预防性消毒。预防性消毒是畜禽场的常规工作之一，是预防畜禽传染病的重要措施之一。

二、紧急消毒

在疫情发生期间，对畜禽场、圈舍、排泄物、分泌物及污染的场所和用具等及时进行的消毒。其目的是消灭传染源排泄到外界环境中的病原体，切断传染途径，防止传染病的扩散蔓延，把传染病控制在最小范围。或当疫源地内有传染源存在时，如对正流行某一传染病时的鸡群、鸡舍或其他正在发病的动物群体及畜舍所进行的消毒。目的是及时杀灭或消除感染或发病动物排出的病原体。

三、终末消毒

发生传染病以后，待全部病畜禽处理完毕，即当畜群痊愈或最后一只病畜禽死亡后，经过 2 周再没有新的病例发生，在疫区解除封锁之前，为了消灭疫区内可能残留的病原体所进行的全面彻底的消毒。例如，发病的猪、鸡群体因死亡、扑杀等方法被清理后，对被这些发病动物所污染的环境（圈、舍、物品、工具、饮食具及周围空气等整个被传染源所污染的外环境及其分泌物或排泄物）所进行的全面彻底的消毒等。

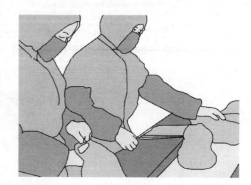

第二章
养殖场消毒方法

第一节　物理消毒法

　　物理消毒法是指应用物理因素杀灭或清除病原微生物及有害微生物的方法。物理消毒法包括清除、辐射、煮沸、干热、湿热、火焰焚烧及滤过除菌、超声波、激光、X射线消毒等，是简便经济而较常用的一种消毒方法，常用于养殖场的场地、设备、卫生防疫器具和用具的消毒。

一、清除消毒

　　通过清扫、冲洗、洗擦和通风换气等手段达到清除病原体的目的，是最常用的一种消毒方法，也是日常的卫生工作之一。

　　畜牧场的场地、畜禽舍、设备用具上存在大量的污物和尘埃，含有大量的病原微生物。用清扫、铲刮、冲洗等机械方法清除降尘、污物及沾染在墙壁、地面以及设备上的粪尿、残余的饲料、废物、垃圾等，这样可除掉70%的病原体，并为药物消毒创造条件。对清扫不彻底的畜禽舍进行化学消毒，即使用高于规定剂量的消毒剂，效果也不显著，因为消毒剂接触少量的有机物就会迅速丧失杀菌力。必要时舍内外的表层土也一起清除，减少场地和畜舍病原微生物的数量。但机械清除并不能杀灭病原体，所以此法只能作为消毒工作中的一个辅助环节，不能作为一种可靠的方法来利用，必须结合其他消毒方法同时使用。如发生传染病，特别是烈性传染病时，须与其他消毒方法共同配合，先用药物消毒，然后再用机械清除。

　　通风换气也是清除消毒的一种。由于畜禽的活动（如咳嗽、鸣叫），饲养管理过程（如清扫地面、分发饲料），通风除臭等机械设备运行，舍内畜禽的饮水、排泄，饲养管理过程用水等导致舍内空气含有大量的尘埃、水汽，微生物容易附着，特别是疫情发生时，尤其是经呼吸道传染的疾病发生时，空气中病原微生物的含量会更高。所以应适当通风，借助通风经常地排出污秽气体和水汽。特别是在冬、春季，通风可在短时间内迅速降低舍内病原微生物的数量，加快舍内水分蒸发，保持干燥，可使除芽孢、虫卵以外的病原失活，起到消毒作用。但排出的污浊空气容易污染场区和其他畜舍，为减少或避免这种污染，最好采用纵向通风系统，风机安装在排污道一侧，畜禽舍之间保持 40 ~ 50m 的卫生间距。有条件的畜禽场，可以在通风口安装过滤器，过滤空气中的微粒和杀灭空气中微生物，把经过过滤的舍外空气送入舍内，有利于舍内空气的新鲜洁净。如使用电除尘器来净化畜舍空气中的尘埃和微生物效果更好。据在产蛋鸡舍中的试验：当气流速度 $v=2.2$m/s 和 $v=1.0$m/s，通过电除尘器的空气容积 $L=2200$m³/h 时，测定过滤前后空气中的微粒和微生物的数量，结果见下表。

除尘前后空气中微粒的数量

除尘前微粒含量 /（mg/m³）	除尘后微粒含量 /（mg/m³）	净化率 /%
$v=2.2$m/s		
10.8	1.10	89.8
5.6	0.62	89
3.6	0.50	86.1
1.5	0.25	83.3
$v=1.0$m/s		
3.87	0.08	98
2.8	0.25	93
1.03	0.08	92

除尘前后的禽舍内空气中微生物数量

除尘前微生物含量 /（百万单位 /m³）	除尘后微生物含量 /（百万单位 /m³）	净化率 /%
104100 ± 2500	25500 ± 970	79.5
112800 ± 3200	22900 ± 890	83.9
121500 ± 2400	22050 ± 90	82.0

如上表所示，采用除尘器后，空气中微粒的净化率平均达到 87.3%（$v=$2.2m/s）和 94.8%（$v=1.0$m/s）；微生物的净化率平均为 81.7%。

二、辐射消毒

辐射消毒主要分为紫外线照射消毒和电离辐射消毒。

（一）紫外线照射消毒

紫外线照射消毒是一种最经济方便的方法。将消毒的物品放在日光下曝晒或放在人工紫外灯下，利用紫外线灼热以及干燥等作用使病原微生物灭活而达到消毒的目的。此法较适用于畜禽舍的垫草、用具、进出人员等的消毒，对被污染的土壤、牧场、场地表层的消毒均具有重要意义。

1. 紫外线作用机理

紫外线是一种肉眼看不见的辐射线，可划分为三个波段：UV–A（长波段），波长 320 ~ 400nm；UV–B（中波段），波长 280 ~ 320nm；UV–C（短波段），波长 100 ~ 280nm。强大的杀菌作用由短波段 UV–C 提供。由于 100 ~ 280nm 具有较高的光子能量，当它照射微生物时，就能穿透微生物的细胞膜和细胞核，破坏其 DNA 的分子链，使其失去复制能力或失去活性而死亡。空气中的氧在紫外线的作用下可产生部分 O_3，当 O_3 的浓度达到

（10～15）×10^{-6}时也有一定的杀菌作用。

紫外线可以杀灭各种微生物，包括细菌、真菌、病毒和立克次体等。一般说来，革兰氏阴性菌对紫外线最敏感，其次为革兰氏阳性球菌，细菌芽孢和真菌孢子抵抗力最强。病毒也可被紫外线灭活，其抵抗力介于细菌繁殖体与芽孢之间。Russl综合了一些研究者的工作，将微生物分为对紫外线高度抗性、中度抗性和低度抗性3类。高度抗性的有枯草杆菌、枯草杆菌芽孢、冬青属、耐辐射微球菌和橙黄八叠球菌；中度抗性的有微球菌、鼠伤寒沙门菌、乳链球菌、酵母菌属和原虫；低度抗性的有牛痘病毒、大肠杆菌、金黄色葡萄球菌、普通变形杆菌、军团菌、布鲁尔酵母菌和大肠杆菌噬菌体。

一般常用的灭菌消毒紫外灯是低压汞气灯，在C波段的253.7nm处有一强线谱，用石英制成灯管，两端各有一对钨丝自燃氧化电极。电极上镀有钡和锶的碳酸盐，管内有少量的汞气和氩气。紫外灯开启时，电极放出电子，冲击汞气分子，从而放出大量波长253.7nm的紫外线。

2. 紫外线消毒的应用

（1）对空气的消毒

紫外灯的安装可采取固定式，用于房间（禽、畜的笼、舍和超净工作台）消毒。将紫外灯吊装在天花板或墙壁上，离地面2.5m左右，灯管安装金属反光板，使紫外线照射与水平面成30°～80°角。这样使全部空气受到紫外线照射，而当上下层空气产生对流时，整个空气都会受到消毒。在直接照射时，普通地面照射需3.3W/m^{2}电能，例如，9m^{2}地面需1支30W紫外灯；如果是超净工作台，需5～8W/m^{2}电能。移动式照射主要应用于传染病病房的空气消毒，畜禽养殖场较少应用。在建筑物的出入口安装带有反光罩的紫外灯，可在出入口形成一道紫外线的屏障。一个出入口安装5支20W紫外灯管，这种装置可用于烈性菌实验室的防护，空气经过这一屏幕，细菌数量减少90%以上。

（2）对水的消毒

紫外线在水中的穿透力，随深度的增加而降低，但受水中杂质的影响，杂质越多紫外线的穿透力越差。常用的装置有：直流式紫外线水液消毒器，使用30W灯管每小时可处理2000L水；一套管式紫外线水液消毒器，每小时可生产10000L灭菌水。

（3）对污染表面的消毒

紫外线对固体物质的穿透力和可见光一样，不能穿透固体物体，只能对固体物质的表面进行消毒。照射时，灯管距离污染表面不宜超过1m，所需时间30min左右，消毒有效区为灯管周围1.5～2m。

3. 影响紫外灯辐射强度和灭菌效果的因素

紫外灯辐射强度和火菌效果受多种因素的影响。常见的影响因素主要有电压、温度、湿度、距离、角度、空气含尘率、紫外灯的质量、照射时间和微生物数量等。

（1）电压对紫外灯辐射强度的影响

国产紫外灯的标准电压为220V。电压不足时，紫外灯的辐射强度大大降低。陈宋义等研究了电压对紫外灯辐射强度的影响，结果当电压为180V时，其辐射强度只有标准电压的1/2。

（2）温度对紫外灯辐射强度的影响

室温在10～30℃时，紫外灯辐射强度变化不大。室温低于10℃，则辐射强度显著下降。陈宋义等的研究结果显示，其他条件不变，0℃时辐射强度只有10℃时的70%、30℃时的60%。

（3）湿度对紫外灯辐射强度的影响

相对湿度不超过50%，对紫外灯辐射强度的影响不大。随着室内相对湿度的增加，紫外灯辐射强度呈下降的趋势。当相对湿度达到80%～90%时，紫外灯辐射强度和杀菌效果降低30%～40%。

（4）距离对紫外灯辐射强度的影响

受照物与紫外灯的距离越远，辐射强度越低。30W石英紫外灯距离与辐射强度的关系见下表。

30W 石英紫外灯距离与辐射强度的关系

距离 /cm	辐射强度 /（$\mu W/cm^2$）
10	1290.00 ± 3.62
20	930.00 ± 3.65
40	300.00 ± 4.05
60	175.00 ± 4.08
80	125.00 ± 4.37

距离 /cm	辐射强度 / (μW/cm^2)
90	105.00 ± 4.07
100	92.00 ± 1.49

（5）角度对紫外灯辐射强度的影响

紫外灯辐射强度与投射角也有很大的关系。直射光线的辐射强度远大于散射光线。

（6）紫外灯质量及型号对辐射强度的影响

紫外灯用久后即衰老，影响辐射强度。一般寿命为4000h左右。使用1年后，紫外灯的辐射强度会下降10% ~ 20%。因此，紫外灯使用2 ~ 3年后应及时更新。

（7）空气含尘率对紫外灯灭菌效果的影响

灰尘中的微生物比水滴中的微生物对紫外线的耐受力高。空气含尘率越高，紫外灯灭菌效果越差。每1mL空气中含有800 ~ 900个微粒时，可降低灭菌率20% ~ 30%。

（8）照射时间对紫外灯灭菌效果的影响

每种微生物都有其特定的紫外线照射下的死亡剂量阈值。杀菌剂量（K）是辐射强度（I）和照射时间（t）的乘积（即$K=It$）。可见，照射时间越长，灭菌的效果越好。

4. 养殖场紫外灯的合理使用

由上述可见，影响紫外灯消毒效果的因素是多方面的。养殖场应该根据各自不同的情况，因地制宜，因时制宜，合理配置、安装和使用紫外灯，这样才能达到灭菌消毒的效果。

（1）紫外灯的配置和安装

养殖场入口消毒室宜按照不低于1W/m^{3}配置相应功率的紫外灯。例如：消毒室面积15m^2，高度为2.5m，其空间为37.5m^3，则宜配置40W紫外灯1支或20W紫外灯2支。而最好的是配置20W紫外灯2支。

紫外灯安装的高度应距天棚有一定的距离，使被照物与紫外灯之间的直线距离在1m左右。有的将紫外灯紧贴天棚，有的将紫外灯安装在墙角，这些都影响紫外灯的辐射强度和消毒效果。如果整个房间只需安装1支紫外灯即可满足要求的功率，则紫外灯应吊装在房间的正中央，与天棚有一定的距离；如果房间需配置2支紫外灯，则2支紫外灯最好互相垂直安装。

（2）紫外灯的照射时间

紫外灯的照射时间应根据气温、空气湿度、环境的洁净情况等而定。一般情况下，养殖场入口消毒室如按照 1W/m³ 配置紫外灯，其照射的时间应不少于 30min。如果配置紫外灯的功率大于 1W/m³，则照射的时间可适当缩短，但不能低于 20min。

（3）照射时间与照射强度的选择

在欲达到相同照射剂量的情况下，高强度照射比延长时间的低强度照射灭菌效果要好。例如：要使空气中大肠杆菌的灭菌率达到80%，配置 $100\mu W/cm^2$ 照射强度时，需 60min；而配置 $150\mu W/cm^2$ 照射强度时，需 30min；配置 $200\mu W/cm^2$ 照射强度时，则只需不到 10min。

（4）其他注意事项

为保持电压的稳定，在电压不稳定的地区，应使用稳压器；保持消毒室的环境卫生，保持干燥，尽量减少灰尘和微生物的数量；目前国内生产紫外灯的厂家很多，鱼龙混杂，质量不一。对新购买的紫外灯应进行检测，新灯管的照射强度应在 $100\sim200\mu W/cm^2$。但对于绝大多数养殖场，不可能进行检测。因此只能尽量购买能确保产品质量、知名厂家的产品，看清说明书，是否达到强度标准；紫外线不能穿透不透明物体和普通玻璃，因此，受照物应在紫外灯的直射光线下，衣物等应尽量展开；紫外灯管应经常擦拭，保持清洁，否则亦影响消毒效果。

紫外线能有效地杀灭微生物，但过多照射对人体也是有害的。同时，对于人员严格照射时间，在有些情况下也很难做到。因此，应从实际出发，制订严格的畜禽场入口人员进入的消毒程序。一般程序如下：

目前紫外线照射消毒作为养殖场入口消毒比较常用。养殖场入口消毒又非常重要，所以有关部门和科研单位应就消毒室的设计，紫外灯的配置、安装乃至型号和生产厂家的选择，消毒的程序，不同季节的照射时间等开展

调查研究，制定相应的规范，并加强技术培训，这些必将对养殖场的防疫和安全生产发挥重要的作用。

（二）电离辐射消毒

利用 γ 射线、伦琴射线或电子辐射能穿透物品，杀死其中的微生物的低温灭菌方法，统称为电离辐射消毒。电离辐射消毒是低温灭菌，不发生热的交换、压力差别和扩散层干扰，所以适用于怕热的灭菌物品，具有优于化学消毒、热力消毒等其他消毒方法的许多优点，也是在医疗、制药、卫生、食品、养殖业应用广泛的消毒方法。因此，早在 20 世纪 50 年代国外就开始应用，在我国起步较晚，但随着国民经济的发展和科学技术的进步，电离辐射消毒技术在我国制药、食品、医疗器械及海关检验等各领域广泛应用，并将越来越受到各行各业的重视，特别是在养殖业的饲料消毒灭菌和肉蛋成品的消毒灭菌方面应用日益广泛。

三、高温消毒和灭菌

高温对微生物有明显的致死作用。所以，应用高温进行灭菌是比较切实可靠且较常用的物理方法。高温可以灭活包括细菌及繁殖体、真菌、病毒和抵抗力最强的细菌芽孢在内的一切微生物。

（一）高温消毒和灭菌的机制

高温杀灭微生物的基本机制是通过破坏微生物蛋白质、核酸的活性导致微生物的死亡。蛋白质构成微生物的结构蛋白和功能蛋白。结构蛋白主要构成微生物细胞壁、细胞膜和细胞质内含物等。功能蛋白构成细菌的酶类。湿热对细菌蛋白质的破坏机制是通过使蛋白质分子运动加速，互相撞击，致使肽链连接的副键断裂，使其分子由有规律的紧密结构变为无秩序的散漫结构，大量的疏水基暴露于分子表面，并互相结合成为较大的聚合体而凝固、沉淀。干热灭菌主要通过热对细菌细胞蛋白质的氧化作用，并不是蛋白质的凝固。因为干燥的蛋白质加热到100℃也不会凝固。细菌在高温下死亡加速是由于氧化速率增加的缘故。无论是干热还是湿热对细菌和病毒的核酸均有破坏作用，加热可使RNA单链的磷酸二酯键断裂；而单股DNA的灭活是通过脱嘌呤。实验证明，单股RNA对热的敏感性高于单股的DNA的敏感性，但都随温度的升高而灭活速率加快。

（二）高温消毒和灭菌的常用方法

高温消毒和灭菌的方法主要分为干热消毒灭菌法和湿热消毒灭菌法。

1. 干热消毒灭菌法

（1）灼烧或焚烧消毒法

灼烧是指直接用火焰灭菌，适用于笼具、地面、墙壁以及兽医站使用的接种针、剪、刀、接种环等不怕热的金属器材，可立即杀死全部微生物。在没有其他灭菌方法的情况下，对剖检器械也可灼烧灭菌。接种针、环、棒以及剖检器械等体积较小的物品可直接在酒精灯火焰上或点燃的酒精棉球火焰上直接灼烧，笼具、地面、墙壁的灼烧必须借助火焰消毒器进行。焚烧主要是对病畜尸体、垃圾、污染的杂草、地面和不可利用的物品器材采用燃烧的办法，点燃或在焚烧炉内烧毁，从而消灭传染源。体积较小、易燃的杂物等可直接点燃；体积较大、不易燃烧的病死畜禽尸体、污染的垃圾和粪便等可泼上汽油后直接点燃，也可在焚烧炉或架在易燃的物品上焚烧。焚烧处理是最为彻底的消毒方法。

（2）热空气灭菌法

即在干燥的情况下，利用热空气灭菌的方法。此法适用于干燥的玻璃器皿如烧杯、烧瓶、吸管、试管、离心管、培养皿、玻璃注射器、针头、滑石粉、凡士林及液体石蜡等的灭菌。在干热的情况下，由于热的穿透力较低，灭菌时间较湿热法长。干热灭菌时，一般细菌的繁殖体在100℃经1.5h才能杀死，芽孢则需在140℃经3h才能杀死。真菌的孢子100～115℃经1.5h才能杀死。干热灭菌法是在特别的电热干烤箱内进行的。灭菌时，将待灭菌的物品放入烘烤箱内，使温度逐渐上升到160℃维持2h，可以杀死全部细菌及其芽孢。干热灭菌时注意以下5点。

① 不同物品器具干热灭菌的温度和时间不同，见下表。

不同物品器具干热灭菌的温度和时间

物品类别	温度 /℃	时间 /min
金属器材（刀、剪、镊、麻醉缸等）	150	60
注射油剂、口服油剂（甘油、石蜡等）	150	120
凡士林、粉剂	160	60
玻璃器材（试管、吸管、注射器、量筒、量杯等）	160	60
装在金属筒内的玻璃器材	160	120

② 消毒灭菌器械应洗净后再放入电烤箱内，以防附着在器械上面的污物炭化。玻璃器材灭菌前应洗净并干燥，勿与烤箱底壁直接接触，灭菌结束后，应待烤箱温度降至40℃以下再打开烤箱，以防灭菌器具炸裂。

③ 物品包装不宜过大，干烤物品体积不能超过烤箱容积的2/3，物品之间应留有空隙，以利于热空气流通。粉剂和油剂不宜太厚（小于1.3cm），以利于热的穿透。

④ 棉织品、合成纤维、塑料制品、橡胶制品、导热差的物品及其他在高温下易损坏的物品，不可用干烤灭菌。灭菌过程中，高温下不得中途打开烤箱，以免引燃灭菌物品。

⑤ 灭菌时间计算应从温度达到要求时算起。

2. 湿热消毒灭菌法

湿热消毒灭菌法是灭菌效力较强的消毒方法，应用较为广泛。常用的有如下几种。

（1）煮沸消毒

利用沸水的高温作用杀灭病原体，是使用较早的消毒方法之一，方法简单、方便、安全、经济、实用、效果可靠。常用于针头、金属器械、工作服、工作帽等物品的消毒。煮沸消毒温度接近 100℃，10 ~ 20min 可以杀死所有细菌的繁殖体，若在水中加入 5% ~ 10% 的肥皂或碱或 1% 的碳酸钠，使溶液中 pH 值偏碱性，可使物品上的污物易于溶解，同时还可提高沸点，增强杀菌力。水中若加入 2% ~ 5% 的石炭酸，能增强消毒效果，经 15min 的煮沸可杀死炭疽杆菌的芽孢。应用该法消毒时，要掌握消毒时间，一般以水沸腾时算起，煮沸 20min 左右。对于寄生虫性病原体，消毒时间应加长。

（2）流通蒸汽消毒

又称常压蒸汽消毒，此法是利用蒸笼或流通蒸汽灭菌器进行消毒灭菌。一般在 100℃ 加热 30min，可杀死细菌的繁殖体，但不能杀死芽孢和霉菌孢子，因此常在 100℃ 30min 灭菌后，将消毒物品置于室温下，待其芽孢萌发，第 2 天、第 3 天再用同样的方法进行处理和消毒。这样连续 3 天 3 次处理，即可保证杀死全部细菌及其芽孢。这种连续流通蒸汽灭菌的方法，称为间歇灭菌法。此消毒方法常用于易被高温破坏的物品如鸡蛋培养基、血清培养基、牛乳培养基、糖培养基等的灭菌。若为了不破坏血清等，还可用较低一点的温度如 70℃ 加热 1h，连续 6 次，也可达到灭菌的目的。

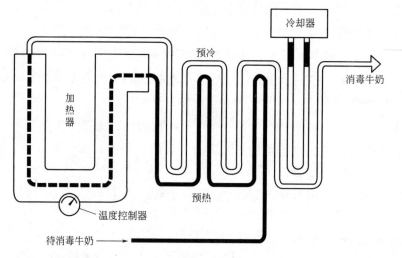

（3）巴氏消毒法

此法常用于啤酒、葡萄酒、鲜牛奶等食品的消毒以及血清、疫苗的消毒，主要是消毒怕高温的物品。温度一般控制在 61 ~ 80℃。根据消毒物品性质确定消毒温度，牛奶 62.8 ~ 65.6℃，血清 56℃，疫苗 56 ~ 60℃。牛奶消毒，有低温长时间巴氏消毒法（61 ~ 63℃，加热 30min）和高温短时间巴氏消毒法（71 ~ 72℃，加热 15min），然后迅速冷却至 10℃ 左右。这可使牛奶中细菌总数减少 90% 以上，并杀死其中的全部病原菌。

（4）高压蒸汽灭菌

通常情况下，1 个大气压下水的沸点是 100℃，当超过 1 个大气压时，水的沸点超过 100℃，压力越大水的沸点越高。高压灭菌就是根据这一原理，在一个密封的金属容器内，通过加热来增加蒸汽压力、提高蒸汽温度，达到短时间灭菌的效果。

高压蒸汽灭菌具有灭菌速度快、效果可靠的特点，常用于玻璃器皿、纱布、金属器械、培养基、橡胶制品、生理盐水、针具等的消毒灭菌。

高压蒸汽灭菌应注意以下几点。

① 排净灭菌器内冷空气，排气不充分易导致灭菌失败。一般当压力升至 13.8kPa 或 20.7kPa 时，缓缓打开气门，排出灭菌器中的冷空气，然后再关闭气门，使灭菌器内的压力再度上升。

② 合理计算灭菌时间，要从压力升到所需压力时计算。

③ 消毒物品的包装和容器要合适，不要过大、过紧，否则不利于空气穿透。

④ 注意安全操作，检查各部件是否灵敏，控制加热速度，防止空气超高热。

（三）影响高温消毒和灭菌的因素

1. 微生物方面

（1）微生物的类型

由于不同的微生物具有不同的生物学与理化特性，故不同的微生物对热的抵抗力不同，如嗜热菌由于长期生活在较高的温度条件下，其对高温的抵抗力较强；无芽孢细菌、真菌和细菌的繁殖体以及病毒对高温抵抗力较弱，一般在 60 ～ 70℃下短时间内即可死亡。细菌的芽孢和真菌的孢子均比其繁殖体耐高温，细菌芽孢常常可耐受较长时间的煮沸，如肉毒梭菌孢子能耐受 6h 的煮沸，破伤风杆菌芽孢能耐受 3h 的煮沸。

（2）细菌的菌龄及发育时的温度

在对数生长期的细菌对热的抵抗力相对较小，老龄菌的抵抗力较大。一般在最适温度下形成的芽孢比其在最高或最低温度下产生的芽孢抵抗高温的能力要大。如肉毒梭菌在 24 ~ 37℃范围内，随着培养温度的升高，其芽孢对热的抵抗力逐渐加强，但在 41℃时所形成的芽孢对热的抵抗力较 37℃时形成的芽孢的抵抗力低。

（3）细菌的浓度

细菌和芽孢在加热时，并不是在同一时间内全部被杀灭，一般来说，细菌的浓度越大，杀死最后的细菌所需要的时间也越长。

2. 介质（水）的特性

水作为消毒杀菌的介质，在一定范围内，其含量越多，杀菌所需要的温度越低，这是由于水分具有良好的传热性能，能促进加热时菌体蛋白的凝固，使细菌死亡。芽孢之所以耐热，是由于它含的水分比繁殖体要少。若水中加入 2% ~ 4% 的石炭酸可增强杀菌力。

细菌在非水的介质中比水作为介质时对热的抵抗力大。如热空气条件下，杀菌所需温度要高，时间要长。在浓糖和盐溶液中细菌脱水，对热的抵抗力增强。

3. 加热的温度和时间

许多无芽孢杆菌（如伤寒杆菌、结核杆菌等）在 62 ~ 63℃下 20 ~ 30min 死亡；大多数病原微生物的繁殖体在 60 ~ 70℃下 0.5h 内死亡；一般细菌的繁殖体在 100℃下数分钟内死亡。

四、冰冻消毒

多数病菌及寄生虫在 0℃以下的环境下都不能存活。如鱼池在冬捕完毕后，冰冻 10 ~ 20d，即可彻底清灭残存的细菌及寄生虫。

第二节 化学消毒法

化学消毒法就是利用化学药物（或消毒剂）杀灭或清除微生物的方法。因微生物的形态、生长、繁殖、致病力、抗原性等特性都受外界环境因素特别是化学因素的影响。各种化学物质对微生物的影响是不相同的，有的使菌体蛋白质变性或凝固而呈现杀菌作用，有的可阻碍微生物的新陈代谢的某些环节而呈现抑菌作用，即使是同一种化学物质，由于其浓度、作用时的环境温度、作用时间的长短及作用对象等的不同，也表现出不同的作用效果。生产中根据消毒的对象，选用不同的药物进行清洗、浸泡、喷洒、熏蒸，以杀灭病原体。化学药物消毒是生产中最常用的消毒方法，主要应用于养殖场内外环境中，如禽畜笼、舍、饲槽，各种物品表面及饮水消毒等。

一、化学消毒的作用机理

通常说来，消毒剂和防腐剂之间并没有严格的界限，消毒剂在低浓度时仅能抑菌，而防腐剂在高浓度时也可能有杀菌作用，因此，一般总称为消毒防腐剂。各种消毒防腐剂的杀菌或抑菌作用机理也有所不同，归纳起来有如下几方面。

（1）使病原体蛋白变性、发生沉淀

大部分消毒防腐剂都是通过这个原理而起作用，其作用特点是无选择性，可损害一切活性物质，属于原浆毒，可杀菌又可破坏宿主组织，如酚类、醇类、醛类等，此类药仅适用于环境消毒。

（2）干扰病原体的重要酶系统，影响菌体代谢

有些消毒防腐剂通过氧化还原反应损害细菌酶的活性基因，或因化学结构与代谢物相似，竞争或非竞争地同酶结合，抑制酶活性，引起菌体死亡，如重金属盐类、氧化剂和卤素类消毒剂。

（3）增加菌体细胞膜的通透性

某些消毒剂能降低病原体的表面张力，增加菌体细胞细胞膜的通透性，引起重要的酶和营养物质漏失，水渗入菌体，使菌体破裂或溶解，如目前广

25

泛使用的双链季铵盐类消毒剂。

二、化学消毒的方法

化学消毒法常用的有浸洗法、喷洒法、熏蒸法和气雾法。

1. 浸洗法

如接种或打针时，对注射局部用酒精棉球、碘酒擦拭；对一些器械、用具、衣物等的浸泡。一般应洗涤干净后再行浸泡，药液要浸过物体，浸泡时间应长些，水温应高些。养殖场入口和畜禽舍入口处消毒槽内，可用浸泡药物的草垫或草袋对人员的靴鞋进行消毒。

2. 喷洒法

喷洒地面、墙壁、舍内固定设备等，可用细眼喷壶；对舍内空间消毒，则用喷雾器。喷洒要全面，药液要喷到物体的各个部位。一般喷洒地面，药液量 $2L/m^2$；喷墙壁、顶棚，$1L/m^2$。

3. 熏蒸法

适用于可以密闭的畜禽舍和其他建筑物。这种方法简便、省事，对房屋结构无损，消毒全面，如育雏育成舍、饲料厂库等常用。常用的药物有福尔马林（40%的甲醛水溶液）、过氧乙酸水溶液。为加速蒸发，常利用高锰酸钾的氧化作用。实际操作中要严格遵守下面基本要点：畜舍及设备必须清洗干净，因为气体不能渗透到畜禽粪便和污物中去，如不干净，不能发挥应有的效力；畜舍要密封，不能漏气，应将进出气口、门窗和排气扇等的缝隙糊严。

4. 气雾法

气雾粒子是悬浮在空气中的气体与液体的微粒，直径小于 200nm，分子量极小，能悬浮在空气中较长时间，可到处飘移穿透到鸡舍周围及其空隙。气雾是消毒液倒进气雾发生器后喷射出的雾状微粒，是消灭气携病原微生物的理想办法。畜禽舍的空气消毒和带畜消毒等常用。如全面消毒鸡舍空间，每立方米用 5% 的过氧乙酸溶液 25mL 喷雾。

三、化学消毒剂的类型及特性

用于杀灭或清除外环境中病原微生物或其他有害微生物的化学药物，称为消毒剂。包括杀灭无生命物体上的微生物和生命体皮肤、黏膜、浅表体腔微生物的化学药品，例如人或动物手术前的皮肤消毒用的化学药品。消毒剂一般并不要求其能杀灭芽孢，但能够杀灭芽孢的化学药物是更好的。

消毒剂有不同的分类方法。按用途分为环境消毒剂和带畜（禽）体表消毒剂（包括饮水、器械等）；按杀菌能力分为灭菌剂、高效（水平）消毒剂、中效（水平）消毒剂、低效（水平）消毒剂。常用的是按照化学性质划分，具体如下。

（一）含氯消毒剂

含氯消毒剂是指在水中能产生杀菌作用的活性次氯酸的一类消毒剂，包括有机含氯消毒剂和无机含氯消毒剂，目前生产中使用较为广泛。

1. 作用机制

① 氧化作用　氧化微生物细胞使其丧失生物学活性。

② 氯化作用　与微生物蛋白质形成氮-氯复合物而干扰细胞代谢。

③ 新生态氧的杀菌作用　次氯酸分解出具极强氧化性的新生态氧杀灭微生物。一般来说，有效氯浓度越高，作用时间越长，消毒效果越好。

2. 消毒剂的特点

① 可杀灭所有类型的微生物，含氯消毒剂对肠杆菌、肠球菌、牛结核分枝杆菌、金色葡萄球菌和口蹄疫病毒、猪轮状病毒、猪传染性水疱病毒和胃肠炎病毒及新城疫、法氏囊有较强的杀灭作用。

② 使用方便；价格适宜。

③ 氯制剂对金属有腐蚀性；药效持续时间较短；久储失效等。

3. 含氯消毒剂对比

含氯消毒剂的产品名称、性质和使用方法，以及含氯消毒剂性能对照见下表。

含氯消毒剂的产品名称、性质和使用方法

名称	性状和性质	使用方法
漂白粉（含氯石灰，含有效氯25% ~ 30%）	白色颗粒状粉末，有氯臭味，久置空气中失效，大部分溶于水和醇	5% ~ 20%的悬浮液环境消毒，饮水消毒每50L水加1g；1% ~ 5%的澄清液消毒食槽、玻璃器皿、非金属用具消毒等，宜现配现用
漂白粉精	白色结晶，有氯臭味，含氯稳定	0.5% ~ 1.5%溶液用于地面、墙壁消毒，0.3% ~ 0.4%溶液用于饮水消毒
氯胺-T（含有效氯24% ~ 26%）	为含氯的有机化合物，白色微黄晶体，有氯臭味。对细菌的繁殖体及芽孢、病毒、真菌孢子有杀灭作用。杀菌作用慢，但性质稳定	0.2% ~ 0.5%水溶液喷雾用于室内空气及表面消毒，1% ~ 2%浸泡物品、器材消毒；3%的溶液用于排泄物和分泌物的消毒；黏膜消毒，0.1% ~ 0.5%；饮水消毒，1L水用2 ~ 4mg。配制消毒液时，如果加入一定量的氯化铵，可大大提高消毒能力
二氯异氰尿酸钠（含有效氯60% ~ 64%，优氯净。另外强力消毒净、84消毒液、速效净等均含有二氯异氰尿酸钠）	白色晶粉，有氯臭。室温下保存半年仅降低有效氯0.16%。是一种安全、广谱和长效的消毒剂，不遗留残余毒性	一般0.5% ~ 1%溶液可以杀灭细菌和病毒，5% ~ 10%的溶液用作杀灭芽孢。环境器具消毒，0.015% ~ 0.02%；饮水消毒，每升水4 ~ 6mg，作用30min。该品宜现用现配。注：三氯异氰尿酸钠，其性质特点和作用同二氯异氰尿酸钠基本相同。球虫囊消毒每10L水中加入10 ~ 20g
二氧化氯（益康、消毒王、超氯）	白色粉末，有氯臭，易溶于水，易潮湿。可快速地杀灭所有病原微生物，制剂有效氯含量5%。具有高效、低毒、除臭和不残留的特点	可用于畜禽舍、场地、器具、种蛋、屠宰场饮水消毒和带畜消毒。含有效氯5%时，环境消毒，每升水加药5 ~ 10mL，泼洒或喷雾消毒；饮水消毒，100L水加药5 ~ 10mL；用具、食槽消毒，每升水加药5mg，浸泡5 ~ 10min。现配现用

无机含氯消毒剂性能对照

品名特点		次氯酸钠	漂白粉	漂粉精	氯化磷酸三钠
有效氯含量 /%		100 ~ 140	35	60	3
杀菌能力		很强	强	强	强
刺激性、腐蚀性		强	强	强	强
安全性	人、动物	差（对呼吸道、眼睛等有强力的破坏性）			低毒，有弱蓄积毒性
	环境				
稳定性		很差	很差	差	较稳定
使用范围		环境、空栏	环境、空栏	环境、空栏	环境、空栏、去污、浸泡等

有机含氯消毒剂性能对照

品名特点		二氯异氰尿酸钠	三氯异氰尿酸	氯胺 -T 甲苯磺酰胺钠	二氯二甲基海因（1,3- 二氯 -5,5- 二甲基乙内酰脲）
有效氯含量 /%		> 55	≥ 65、≥ 90	≥ 23 ~ 26	≥ 70
杀菌能力		强	强	强	强
刺激性、腐蚀性		较强	较强	较弱	较弱
安全性	人、动物	差（长期使用，易破坏呼吸道、眼睛等）		较安全	安全
	环境	差（长期使用，对环境将造成严重的破坏）	一般		较安全
稳定性		水溶液不稳定	一般	水溶液不稳定	稳定（水中缓慢溶解，缓释）
使用范围		饮水、环境、工具等	饮水、环境、器械等	饮水、带畜、环境等	饮水、带畜、环境等

（二）碘类消毒剂

是碘与表面活性剂（载体）及增溶剂等形成的稳定络合物，包括传统的碘制剂如碘水溶液、碘酊（俗称碘酒）、碘甘油和碘伏类制剂。碘伏类制剂又分为非离子型、阳离子型及阴离子型三大类。其中非离子型碘伏是使用最广泛、最安全的碘伏，主要有聚维酮碘（PVP-I）和聚醇醚碘（NP-I）；尤其是聚维酮碘（PVP-I），世界各国药典都已收录在内。

1. 作用机制

碘的正离子与酶系统中蛋白质所含的氨基酸发生亲电取代反应，使蛋白质失活；碘的正离子具有氧化性，能对膜联酶中的硫氢基进行氧化，成为二硫键，破坏酶活性。

2. 特点

① 杀死细菌、真菌、芽孢、病毒、结核杆菌、阴道毛滴虫、梅毒螺旋体、沙眼衣原体和藻类。

② 对金属设施及用具的腐蚀性较低。

③ 低浓度时可以进行饮水消毒和带畜（禽）消毒。

3. 使用

碘类消毒剂的产品名称、性质和使用方法见下表。

碘类消毒剂的产品名称、性质和使用方法

名称	性质	使用方法
碘酒	为碘的醇溶液，红棕色澄清液体，微溶于水，易溶于乙醚、氯仿等有机溶剂，杀菌力强	2%～2.5%用于皮肤消毒
碘伏	红棕色液体，随着有效碘含量的下降逐渐向黄色转变。碘与表面活化剂及增溶剂形成的不定型络合物，其实质是一种含碘的表面活性剂，主要剂型为聚乙烯吡咯烷酮碘和聚乙烯醇碘等，性质稳定，对皮肤无害	0.5%～1%用于皮肤消毒剂，10mg/L用于饮水消毒
威力碘	红棕色液体。含碘0.5%	1%～2%用于畜舍、家畜体表及环境消毒。5%用于手术器械、手术部位消毒

（三）醛类消毒剂

能产生自由醛基，在适当条件下与微生物的蛋白质及某些其他成分发生反应。包括甲醛、戊二醛、聚甲醛等，目前最新的器械醛消毒剂是邻苯二甲醛（OPA）。

1. 作用机理

可与菌体蛋白质中的氨基结合使其变性或使蛋白质分子烷基化。可以和细胞壁脂蛋白发生交联，和细胞磷壁酸中的酯联残基形成侧链，封闭细胞壁，阻碍微生物对营养物质的吸收和废物的排出。

2. 消毒剂特点

① 杀菌谱广，可杀灭细菌、芽孢、真菌和病毒。

② 性质稳定，耐储存；受有机物影响小；受湿度影响大。

③ 有一定毒性和刺激性，如对人体皮肤和黏膜有刺激和固化作用，并可使人致敏。

④ 有特殊臭味。

3. 醛类消毒剂的产品名称、性质、使用方法及性能对照

醛类消毒剂的产品名称、性质和使用方法

名称	性质	使用方法
福尔马林，含 36% ~ 40% 甲醛水溶液	无色有刺激性气味的液体，90℃下易生成沉淀。对细菌繁殖体及芽孢、病毒和真菌均有杀灭作用，广泛用于防腐消毒	1% ~ 2% 溶液环境消毒，与高锰酸钾配伍熏蒸消毒畜禽房舍等，可使用不同级别的浓度
戊二醛	无色油状体，味苦。有微弱甲醛气味，挥发度较低。可用水、酒精作任何比例的稀释，溶液呈弱酸性。碱性溶液有强大的灭菌作用	2% 水溶液，用 0.3% 碳酸氢钠调整 pH 值在 7.5 ~ 8.5 范围可消毒，不能用于热灭菌的精密仪器、器材的消毒

续表

名称	性质	使用方法
多聚甲醛	为甲醛的聚合物，有甲醛臭味，为白色疏松粉末，常温下不可分解出甲醛气体，加热时分解加快，释放出甲醛气体与少量水蒸气。难溶于水，但能溶于热水，加热至150℃时，可全部蒸发为气体	多聚甲醛的气体与水溶液，均能杀灭各种类型病原微生物。1%～5%溶液作用10～30min，可杀灭除细菌芽孢以外的各种细菌和病毒；杀灭芽孢时，需8%浓度作用6h。用于熏蒸消毒，用量为3～10g/m³，消毒时间为6h

醛类消毒剂性能对照

品名特点	甲醛	碱性戊二醛	酸性戊二醛	强化酸性戊二醛	邻苯二甲醛（OPA）
杀菌能力	一般（温度对熏蒸效果影响很大）	强	强	很强	很强
刺激性、腐蚀性	强	较弱	较弱	较弱	无
安全性	差（对呼吸道、眼睛等有强力的破坏性，强致癌，致突变）	较安全	较安全	较安全	安全
稳定性	不稳定	不稳定	不稳定	较稳定	很稳定
使用范围	环境	带畜、环境、器械、水体等	带畜、环境、器械、水体等	带畜、环境、器械、水体等	带畜、环境、器械、水体等

4. 醛类熏蒸消毒的应用与方法

甲醛熏蒸消毒可用于密闭的舍、室或容器内的污染物品消毒，也可用于畜禽舍、仓库及饲养用具、种蛋、孵化机（室）污染表面的消毒。其穿透性差，不能消毒用布、纸或塑料薄膜包装的物品。

（1）气体的产生

消毒时，最好能使气体在短时间内充满整个空间。产生甲醛气体有如下 4 种方法。

① 福尔马林加热法。每立方米空间用福尔马林 25 ~ 50mL，加等量水，然后直接加热，使福尔马林变为气体，舍（室）温度不低于 15℃，相对湿度为 60% ~ 80%，消毒时间为 12 ~ 24h。

② 福尔马林化学反应法。福尔马林为强有力的还原剂，当与氧化剂反应时，能产生大量的热将甲醛蒸发。常用的氧化剂有高锰酸钾及漂白粉等。

③ 多聚甲醛加热法。将多聚甲醛干粉放在平底金属容器（或铁板）上，均匀铺开，置于火上加热（150℃），即可产生甲醛蒸气。

④ 多聚甲醛化学反应法。醛氯合剂，将多聚甲醛与二氯异氰尿酸钠干粉按 24 : 76 的比例混合，点燃后可产生大量有消毒作用的气体。由于两种药物相混可逐渐自然产生反应，因此本合剂的两种成分平时要用塑料袋分开包装，临用前混合；微胶囊醛氯合剂，将多聚甲醛用聚氯乙烯微胶囊包裹后，与二氯异氰尿酸钠干粉按 10 : 90 的比例混合压制成块，使用时用火点燃，杀菌作用与没包装胶囊的合剂相同。此合剂由微胶囊将两种成分隔开，因此虽混在一起也可保存 1 年左右。

（2）熏蒸消毒的方法

甲醛熏蒸消毒，在养殖场可用于畜禽舍、种蛋、孵化机（室）、用具及工作服等的消毒。

消毒时，要充分暴露舍、室及物品的表面，并去除各角落的灰尘和蛋壳上的污物。消毒前须将舍、室密闭，避免漏气。室温保持在 20℃ 以上，相对湿度在 70% ~ 90%，必要时加入一定量的水（30mL/m³），随甲醛蒸发。达到规定消毒时间后，敞开门、窗通风换气，必要时用 25% 氨水中和残留的甲醛（用量为甲醛的 1/2）。

操作时，先将氧化剂放入容器中，然后注入福尔马林，而不要把高锰酸钾加入福尔马林中。反应开始后药液沸腾，在短时间内即可将甲醛蒸发完毕。由于产生的热较高，容器不要放在地板上，避免把地板烧坏，也不要使用易燃、易腐蚀的容器。使用的容器的容积要大些（约为药液体积的 10 倍左右），徐徐加入药液，防止反应过猛溶液溢出。为调节空气中的湿度，需要蒸发定量水分时，可直接将水加入福尔马林中，这样还可减弱反应强度。必要时用小棒搅拌药液，可使反应充分进行。

（四）氧化剂类

氧化剂是一些含不稳定结合态氧的化合物。

1. 作用机制

这类化合物遇到有机物和某些酶可释放出初生态氧，破坏菌体蛋白或细菌的酶系统。分解后产生的各种自由基（如硫基）、活性氧衍生物等破坏微生物的通透性屏障、蛋白质、氨基酸、酶等最终导致微生物死亡。

2. 氧化剂类的产品名称、性质和使用方法

氧化剂的产品名称、性质和使用方法见下表。

氧化剂的产品名称、性质和使用方法

名称	性质	使用方法
过氧乙酸	无色透明酸性液体，易挥发，具有强烈刺激性，不稳定，对皮肤、黏膜有腐蚀性。对多种细菌和病毒杀灭效果好	$400 \sim 2000mg/L$，浸泡 $2 \sim 120min$；$0.1\% \sim 0.5\%$ 用于擦拭物品表面；$0.5\% \sim 5\%$ 用于环境消毒；0.2% 用于器械消毒
过氧化氢	无色透明，无异味，微酸苦，易溶于水，在水中分解成水和氧。可快速灭活多种微生物	$1\% \sim 2\%$ 用于创面消毒；$0.3\% \sim 1\%$ 用于黏膜消毒
过氧戊二酸	有固体和液体两种。固体难溶于水，为白色粉末，有轻度刺激性作用，易溶于乙醇、氯仿、乙酸	2% 用于器械浸泡消毒和物体表面擦拭，0.5% 用于皮肤消毒，雾化气溶胶用于空气消毒
臭氧	臭氧是氧气的同素异形体，在常温下为淡蓝色气体，有鱼腥臭味，极不稳定，易溶于水。臭氧对细菌繁殖体、病毒真菌和枯草杆菌黑色变种芽孢有较好的杀灭作用；对原虫和虫卵也有很好的杀灭作用	$30mg/m^3$，$15min$，用于室内空气消毒；$0.5mg/L$，$10min$，用于水消毒；$15 \sim 20mg/L$，用于传染源污水消毒
高锰酸钾	紫黑色斜方形结晶或结晶性粉末、无臭，易溶于水，容易因其浓度不同而呈暗紫色至粉红色。低浓度可杀死多种细菌的繁殖体，高浓度($2\% \sim 5\%$)在 $24h$ 内可杀灭细菌芽孢，在酸性溶液中可以明显提高杀菌作用	0.1% 的溶液可用于鸡的饮水消毒，杀灭肠道病原微生物，也可用于创面和黏膜消毒；$0.01\% \sim 0.02\%$ 的溶液用于消化道清洗；$0.1\% \sim 0.2\%$ 用于体表消毒

（五）酚类消毒剂

酚类消毒剂是消毒剂中种类较多的一类化合物。含酚 41% ~ 49%、醋酸 22% ~ 26% 的复合酚制剂，是我国生产的一种新型、广谱、高效的消毒剂。

1. 作用机制

① 高浓度下可裂解并穿透细胞壁，与菌体蛋白结合，使微生物原浆蛋白质变性；低浓度下或较高分子的酚类衍生物，可使氧化酶、去氢酶、催化酶等细胞的主要酶系统失去活性。

② 减低溶液表面张力，增加细胞壁的通透性，使菌体内含物泄出。

③ 易溶于细胞类脂体中，因而能积存在细胞中，其羟基与蛋白质的氨基起反应，破坏细胞的机能。

④ 衍生物中的某些羟基与卤素有助于降低表面张力，卤素还可促进衍生物电解以增加溶液的酸性，增强杀菌能力。对细菌、真菌和带囊膜病毒具有灭活作用，对多种寄生虫卵也有一定杀灭作用。

2. 消毒剂的特点

① 性质稳定，通常一次用药，药效可以维持 5 ~ 7d。

② 腐蚀性轻微。缺点是杀菌力有限，不能作为灭菌剂。

③ 该品公认对人畜有害（有明显的致癌、致敏作用，频繁使用可以引起蓄积中毒，损害肝、胃功能以及神经系统），且气味滞留，不能用于带畜消毒和饮水消毒（宰前可影响肉质风味），常用于空舍消毒。

④ 长时间浸泡可破坏纺织品颜色，并能损害橡胶制品；与碱性药物或其他消毒剂混合使用效果差。

⑤ 生产简便，成本低。

3. 复合酚类的产品名称、性质、使用方法及性能对照

复合酚类的产品名称、性质、使用方法及性能对照见下表。

复合酚类的产品名称、性质和使用方法

名称	性质	使用方法
苯酚	白色针状结晶，弱碱性，易溶于水，有芳香味	杀菌力强，3%～5%用于环境与器械消毒，2%用于皮肤消毒
煤酚皂	由酶酚和植物油、氢氧化钠按一定比例配制而成。无色，见光和空气变为深褐色，与水混合成为乳状液体。毒性较低	3%～5%用于环境消毒；5%～10%用于器械消毒、处理污物；2%的溶液用于术前、术后和皮肤消毒
复合酚	由冰醋酸、混合酚、十二烷基苯磺酸、煤焦油按一定比例混合而成，为棕色黏稠状液体，有煤焦油臭味，对多种细菌和病毒有杀灭作用	用水稀释100～300倍后，用于环境、禽舍、器具的喷雾消毒，稀释用水温度不低于8℃；1：200（质量比）杀灭烈性传染病，如口蹄疫；1：300药浴或擦拭皮肤，药浴25min，可以防治猪、牛、羊螨虫等皮肤寄生虫病，效果良好
氯甲酚溶液	为甲酚的氯代衍生物，一般为5%的溶液。杀菌作用强，毒性较小	主要用于禽舍、用具、污染物的消毒。用水稀释33～100倍后用于环境、畜禽舍的喷雾消毒

酚类消毒剂性能对照

品名特点		苯酚	煤酚皂液	复合酚	氯甲酚溶液	邻苯二甲醛（OPA）
杀菌能力		弱	稍强	强	很强	很强
刺激性、腐蚀性		强	强	强	无	无
安全性	人、动物	差（强致癌，有蓄积毒性）	差（强致癌，有蓄积毒性）	差（强致癌，有蓄积毒性）	安全	安全
	环境	差（环境污染严重）	差（环境污染严重）	差（环境污染严重）	较安全	较安全
使用范围		环境	环境	环境	带畜、车辆、环境、器物等	很稳定

（六）表面活性剂（双链剂铵酸盐类消毒剂）

表面活性剂又称清洁剂或除污剂，生产者常用阳离子表面活性剂，其抗菌广谱，对细菌、霉菌、真菌、藻类和病毒均具有杀灭作用。

1. 作用机理

① 可以吸附到菌体表面，改变细胞渗透性，溶解损伤细胞使菌体破裂，细胞内容物外流。

② 表面活性物在菌体表面浓集，阻碍细菌代谢，使细胞结构紊乱。

③ 渗透到菌体内使蛋白质发生变性和沉淀，破坏细菌酶系统。

2. 消毒剂的特点

① 具有性质稳定、安全性好、无刺激性和腐蚀性等特点（见下表）。对常见病毒如马立克氏病毒、新城疫病毒、猪瘟病毒、法氏囊病毒、口蹄疫病毒均有良好的效果。但对无囊膜病毒消毒效果不好。

② 要避免与阴离子活性剂如肥皂等共用，也不能与碘、碘化钾、过氧化物等合用，否则会降低消毒的效果。

③ 不适用于粪便、污水消毒及芽孢菌消毒。

表面活性剂的产品名称、性质和使用方法

名称	性质	使用方法
新洁尔灭	无色或淡黄色液，振摇产生大量泡沫。对革兰氏阴性菌的杀灭效果比对革兰氏阳性菌强，能杀灭有囊膜的亲脂病毒，不能杀灭亲水病毒、芽孢菌、结核菌，易使其产生耐药性	皮肤、器械消毒用 0.1% 的溶液，黏膜、创口消毒用 0.02% 以下的溶液。0.5% ~ 1% 溶液用于手术局部消毒
度米芬	白色或微白色片状结晶，能溶于水和乙醇。主要用于细菌病原，消毒能力强，毒性小，可用于环境、皮肤、黏膜、器械和创口的消毒	皮肤、器械消毒用 0.05% ~ 0.1% 的溶液；带畜禽消毒用 0.05% 的溶液喷雾
百毒杀	白色、无臭、无刺激性、无腐蚀性的溶液剂。性质稳定，不受环境酸碱度、水质硬度、粪便血污等有机物及光、热影响，可长期保存，且适用范围广	饮水消毒，日常用 1 : 2000，可长期使用。疫病期间 1 : 1000 连用 7d；畜禽舍及带畜消毒，日常 1 : 600；疫病期间 1 : 200 喷雾、洗刷、浸泡
双氯苯双胍己烷	白色结晶粉末，微溶于水和乙醇	0.5% 用于环境消毒，0.3% 用于器械消毒，0.02% 用于皮肤消毒

续表

名称	性质	使用方法
环氧乙烷	常温无色气体，沸点10.3℃，易燃、易爆、有毒	50mL/L密闭容器内用于器械、敷料等消毒
氯己定	白色结晶、微溶于水，易溶于醇，忌与升汞配伍	0.022%～0.025%水溶液，术前洗手浸泡5min；0.01%～0.025%用于腹腔、膀胱等冲洗

表面活性剂性能对照

品名特点		氯己定	煤酚皂液	复合酚	氯甲酚溶液	邻苯二甲醛（OPA）
杀菌能力		弱（抗药性很强）	弱	弱	较强	很强
刺激性、腐蚀性		无	皮肤、黏膜刺激性低，对金属有腐蚀	无	无	无
安全性	人、动物	较安全	较安全	较安全	较安全	安全
	环境	差（生物降解性差，长期大量使用，易对环境将造成破坏）				
稳定性		稳定	稳定	稳定	稳定	很稳定
使用范围		伤口、黏膜冲洗擦拭	伤口、黏膜冲洗擦拭	伤口、黏膜冲洗擦拭	带畜、伤口、黏膜冲洗擦拭等	带畜、伤口、黏膜冲洗擦拭等

（七）醇类消毒剂

1. 作用机理

使蛋白质变性沉淀；快速渗透过细胞壁进入菌体内，溶解破坏细菌细胞；抑制细菌酶系统，阻碍细菌正常代谢。

2. 消毒剂特点

① 可快速杀灭多种微生物，如细菌繁殖体、真菌和多种病毒（单纯疱

疹病毒、乙肝病毒、人类免疫缺陷病毒等），但不能杀灭细菌芽孢。

② 受有机物影响，而且由于易挥发，应采用浸泡消毒或反复擦拭以保证消毒时间。

③ 醇类消毒剂与戊二醛、碘伏等配伍，可以增强其作用。

3. 醇类消毒剂的产品名称、性质和使用方法

醇类消毒剂的产品名称、性质和使用方法

名称	性质	使用方法
乙醇（酒精）	无色透明液体，易挥发，易燃，可与水和挥发油任意混合。无水乙醇含乙醇量为 95% 以上。主要通过使细菌菌体蛋白凝固并脱水而发挥杀菌作用。以 70% ~ 75% 乙醇杀菌能力最强。对组织有刺激作用，浓度越大刺激越强	皮肤、器械消毒用 0.1% 的溶液；黏膜、创口消毒用 0.02% 以下的溶液；0.5% ~ 1% 溶液用于手术局部消毒
异丙醇	无色透明液体，易挥发，易燃，具有乙醇和丙酮混合气味，与水和大多数有机溶剂可混溶。作用浓度为 50% ~ 70%，过浓过稀，杀菌作用会减弱	50% ~ 70% 的水溶液涂擦与浸泡，作用时间 5 ~ 60min。只能用于物体表面和环境消毒。杀菌效果优于乙醇，但毒性也高于乙醇。有轻度的蓄积和致癌作用

（八）强碱类

1. 作用机理

氢氧根可以水解蛋白质和核酸，使微生物的结构和酶系统受到损害，同时可分解菌体中的糖类而杀灭细菌和病毒。

2. 消毒剂特点

① 杀毒效果好，尤其是对病毒和革兰氏阴性菌的杀灭作用最强。

② 腐蚀性强。生产中比较常用。

③ 廉价，成本低。

3. 强碱类消毒剂的名称、性质和使用方法

强碱类消毒剂的名称、性质和使用方法

名称	性质	使用方法
氢氧化钠	白色干燥的颗粒、棒状、块状、片状结晶，易溶于水和乙醇，易吸收空气中的二氧化碳形成碳酸钠或碳酸氢钠盐。对细菌繁殖体、芽孢体和病毒有很强的杀灭作用，对寄生虫卵也有杀灭作用，浓度增大，作用增强	2% ~ 4% 溶液可杀死病毒和繁殖型细菌，30% 溶液 10min 可杀死芽孢，4% 溶液 45min 杀死芽孢，如加入 10% 食盐能增强杀死芽孢能力。2% ~ 4% 的热溶液可丁喷洒或洗刷消毒畜禽舍、仓库、墙壁、工作间、入口处、运输车辆、饮饲用具等
生石灰	白色或灰白色块状或粉末，无臭，易吸水，加水后生产氢氧化钙	加水配制 10% ~ 20% 石灰乳涂刷畜舍墙壁、畜栏等消毒
草木灰	新鲜草木灰主要含氢氧化钾。取筛过的草木灰 10kg，加水 35kg，搅拌均匀，持续煮沸 1h，补足蒸发的水分即成 20% ~ 30% 草木灰	20% ~ 30% 草木灰可用于圈舍、运动场、墙壁及食槽的消毒。应注意水温在 50 ~ 70℃

（九）重金属类

重金属指汞、银、锌等，因其盐类化合物能与细菌蛋白结合，使蛋白质沉淀而发挥杀菌作用。硫柳汞高浓度时可杀菌，低浓度时仅有抑菌作用。重金属类消毒剂的名称、性质及使用方法见下表。

重金属类消毒剂的名称、性质及使用方法

名称	性质	使用方法
甲紫	深绿色块状，溶于水和乙醇	1% ~ 3% 溶液用于浅表创面消毒、防腐。
硫柳汞	不沉淀蛋白质	0.01% 溶液用于生物制品防腐；1% 溶液用于皮肤或手术部位消毒。

（十）酸类

酸类的杀菌作用在于：高浓度的能使菌体蛋白质变性和水解，低浓度

的可以改变菌体蛋白两性物质的离解度，抑制细胞膜的通透性，影响细菌的吸收、排泄、代谢和生长。还可以与其他阳离子在菌体内表现为竞争吸附，妨碍细菌的正常活动。有机酸的抗菌作用比无机酸强。酸类消毒剂的名称、性质和使用方法见下表。

酸类消毒剂的名称、性质和使用方法

名称	性质	使用方法
无机酸（硫酸和盐酸）	具有强烈的刺激性和腐蚀性，生产中较少使用	0.5mol/L的硫酸处理排泄物、痰液等，30min可杀死多数结合杆菌，2%盐酸用于消毒皮肤
乳酸	微黄色透明液体，无臭微酸味，有吸湿性	蒸汽用于空气消毒，亦可用于与其他醛类配伍
醋酸	浓烈酸味	5mL/m³加等量水，蒸发消毒房间空气
十一烯酸	黄色油状溶液，溶于乙醇	5%～10%十一烯酸醇溶液用于皮肤、物体表面消毒

（十一）高效复方消毒剂

在化学消毒剂长期应用的实践中，单方消毒剂使用时存在不足，已不能满足各行业消毒的需要。近年来，国内外相继有数百种新型复方消毒剂问世，提高了消毒剂的质量、应用范围和使用效果。

1. 复方化学消毒剂配伍类型

（1）消毒剂与消毒剂

两种或两种以上消毒剂复配，例如季铵盐类与碘的复配、戊二醛与过氧化氢的复配，其杀菌效果达到协同和增效。

（2）消毒剂与辅助剂

一种消毒剂加入适当的稳定剂和缓冲剂、增效剂以改善消毒剂的综合性能，如稳定性、腐蚀性、杀菌效果等。

2. 常用的复方消毒剂

（1）复方含氯消毒剂

复方含氯消毒剂中，常选的含氯成分主要为次氯酸钠、次氯酸钙、二氯异氰尿酸钠、氯化磷酸三钠、二氯二甲基海因等，配伍成分主要为表面活性剂、助洗剂、防腐剂、稳定剂。

在复方含氯消毒剂中，二氯异氰尿酸钠有效氯含量较高，易溶于水，杀菌作用受有机物影响较小，溶液的 pH 值不受浓度的影响，故作为主要成分应用最多。如用二氯异氰尿酸钠和多聚甲醛配成的醛氯合剂用于室内消毒的烟熏剂，使用时点燃合剂，在 $3g/m^3$ 剂量时，能杀灭 99.99% 的白色念珠菌；用量提高到 $13g/m^3$，作用 3h 对蜡样芽孢杆菌的杀灭率可达 99.94%。该合剂可长期保存，在室温下 32 个月杀菌效果不变。

（2）复方季铵盐类消毒剂

表面活性剂一般有和蛋白质作用的性质，特别是阳离子表面活性剂的这种作用比较强，具有良好的杀菌作用，其中季铵盐型阳离子表面活性剂使用较多。作为复配的季铵盐类消毒剂主要以十二烷基二甲基乙基苄基氯化铵、二甲基苄基溴化铵为多，其他的季铵盐有二甲基乙基苄基氯化铵以及双链季铵盐如双癸甲溴化铵、溴化双（十二烷基二甲基）亚乙基二铵等。

常用的配伍剂主要有醛类（戊二醛、甲醛）、醇类（乙醇、异丙醇）、过氧化物类（二氧化氯、过氧乙酸）以及氯己啶等。另外，尚有两种或两种以上阳离子表面活性剂配伍，如用二甲基苄基氯化铵与二甲基乙基苄基氯化铵配合能增加其杀菌力。

（3）含碘复方消毒剂

碘液和碘酊是含碘消毒剂中最常用的两种剂型，但并非复配时首选。碘与表面活性剂的不定型络合物碘伏，是碘类复方消毒剂中最常用的剂型。阴离子表面活性剂、阳离子表面活性剂和非离子表面活性剂均可作为碘的载体制成碘伏，但其中以非离子型表面活性剂最稳定，故选用的较多。常见的为聚乙烯吡咯烷酮、聚乙氧基乙醇等。目前国内外市场推出的碘伏产品有近百种之多，国外的碘伏以聚乙烯吡咯烷酮为主，这种碘伏既有消毒杀菌作用，又有洗涤去污作用。我国现有碘伏产品中有聚乙烯吡咯烷酮碘和聚乙二醇碘等。

（4）醛类复方消毒剂

在醛类消毒复方中应用较多的是戊二醛，这是因为甲醛对人体的毒副作用较大且有致癌作用，限制了甲醛复配的应用。常见的醛类复配形式有戊二醛与洗涤剂的复配，这降低了毒性，增强了杀菌作用；戊二醛与过氧化氢的复配，远高于戊二醛和过氧化氢的杀菌效果。

（5）醇类复方消毒剂

醇类消毒剂具有无毒、无色、无特殊气味及较快速杀死细菌繁殖体及分枝杆菌、真菌孢子、亲脂病毒的特性。由于醇的渗透作用，某些杀菌剂溶于醇中有增强杀菌的作用，并可杀死任何高浓度醇类都不能杀死的细菌芽孢。因此，醇与物理因子和化学因子的协同应用逐渐增多。

醇类常用的复配形式中以次氯酸钠与醇的复配为最多，用50%甲醇溶液和浓度2000mg/L有效氯的次氯酸钠溶液复配，其杀菌作用高于甲醇和次氯酸钠水溶液。乙醇与氯己定复配的产品很多，也可与醛类复配，亦可与碘类等复配。

四、影响化学消毒效果的因素

（一）药物方面

1. 药物的特异性

同其他药物一样，消毒剂对微生物具有一定的选择性：某些药物只对某一部分微生物有抑制或杀灭作用，而对另一些微生物效力较差或不发生作用；也有一些消毒剂对各种微生物均具有抑制或杀灭作用（称为广谱消毒剂）。不同种类的化学消毒剂，由于其本身的化学特性和化学结构不同，故而对微生物的作用方式也不相同：有的化学消毒剂作用于细胞膜或细胞壁，使其通透性发生改变，不能摄取营养；有的消毒剂通过进入菌体内使细胞质发生改变；有的以氧化作用或还原作用毒害菌体；碱类消毒剂是以其氢氧离子阻碍菌体正常代谢，而酸类是以其氢离子的解离作用阻碍菌体正常代谢；有些则是使菌体蛋白质、酶等生物活性物质变性或

沉淀而达到灭菌消毒的目的。所以在选择消毒剂时，一定要考虑到消毒剂的特异性，科学地选择消毒剂。

2.消毒剂的浓度

消毒剂的消毒效果，一般与其浓度成正比，也就是说，化学消毒剂的浓度越大，其对微生物的毒性作用也越强。但这并不意味着浓度加倍，杀菌力也随之增加一倍。有些消毒剂，稀浓度时对细菌无作用；当浓度增加到一定程度时，可刺激细菌生长；再把消毒剂浓度提高时，可抑制细菌生长；只有将消毒液浓度增高到有杀菌作用时，才能将细菌杀死。如 0.5% 的石炭酸只有抑制细菌生长的作用而作为防腐剂，当浓度增加到 2% ~ 5% 时，则呈现杀菌作用。但是消毒剂浓度的增加是有限的，超越此限度时，并不一定能提高消毒效力，有时一些消毒剂的杀菌效力反而随浓度的增高而下降，如 70% 或 77% 的酒精杀菌效力最强，使用 95% 以上浓度，杀菌效力反而不好，并造成药物浪费。

（二）微生物方面

1.微生物的种类

由于不同种类微生物的形态结构及代谢方式等生物学特性的不同，其对化学消毒剂所表现的反应也不同。即使同一种类中不同类群如细菌中的革兰氏阳性菌与革兰氏阴性菌，对各种消毒剂的敏感性也并不完全相同。如革兰氏阳性菌的等电点比革兰氏阴性菌低，所以在一定的值下所带的负电荷多，容易与带正电荷的离子结合，易与碱性染料的阳离子、重金属盐类的阳离子及去污剂结合而被灭活；而病毒对碱性消毒药比较敏感。因此在生产中要根据消毒和杀灭的对象选用消毒剂，效果才能比较理想。

2.微生物的状态

同一种微生物处于不同状态时对消毒剂的敏感性也不相同。如同一种细菌，其芽孢因有较厚的芽孢壁和多层芽孢膜，结构坚实，消毒剂不易渗透进去，所以比繁殖体对化学药品的抵抗力要强得多；静止期的细菌要比生长期的细菌对消毒剂的抵抗力强。

3. 微生物的数量

同样条件下，微生物的数量不同对同一种消毒剂的作用也不同。一般来说，细菌的数量越多，要求消毒剂浓度越大或消毒时间也越长。

五、化学消毒防护

无论采取哪种消毒方式，都要注意消毒人员的自身防护，特别是化学消毒。首先要严格遵守操作规程和注意事项，其次要注意消毒人员以及消毒区域内其他人员的防护。防护措施要根据消毒方法的原理和操作规程有针对性。例如进行喷雾消毒和熏蒸消毒就应穿上防护服，戴上眼镜和口罩；进行紫外线直接的照射消毒，室内人员都应该离开，避免直接照射。进出畜牧场人员通过消毒室进行紫外线照射消毒时，眼睛不能看紫外灯，避免眼睛灼伤。

常用的个人防护用品可以参照国家标准进行选购，防护服装应配帽子、口罩、鞋套，对防护服装的要求如下。

1. 防酸碱

防酸碱可以避免消毒中防护服装被腐蚀。工作完毕或离开疫区时，用消毒液高压喷淋、洗涤消毒防护服装，达到安全防疫的效果。

2. 防水

好的防护服装材料，一般每平方米的防水布料薄膜上就有 14 亿个微细孔，一颗水珠比这些微细孔大 2 万倍，因此水珠不能穿过薄膜层而润湿布料，不会被弄湿，可以保证操作中的防水效果。

3. 防寒、挡风、保暖

防护服装材料极小的微细孔应该呈不规则排列，可阻挡冷风及寒气的侵入。

4. 透气

材料微孔直径应大于汗液分了700～800倍，汗气可以从容穿透面料，即使在工作量大、体液蒸发较多时也会感到干爽舒适。

目前先进的防护服装已经在市场上销售，选购时可按照上述标准，参照防 SARS 病毒时采用的标准。

第三节 生物消毒法

生物消毒法是利用自然界中广泛存在的微生物在氧化分解污物（如垫草、粪便等）中的有机物时所产生的大量热能来杀死病原体。在畜禽养殖场中最常用的是粪便和垃圾的堆积发酵，它是利用嗜热细菌繁殖产生的热量杀灭病原微生物。但此法只能杀灭粪便中的非芽孢性病原微生物和寄生虫卵，不适用于芽孢菌及患危险疫病畜禽的粪便消毒。粪便和土壤中有大量的嗜热菌、噬菌体及其他抗菌物质，嗜热菌可以在高温下发育，其最低温度界限为35℃，适温为50～60℃，高温界限为70～80℃。在堆肥内，开始阶段由于一般嗜热菌的发育使堆肥内的温度提高到30～35℃，此后嗜热菌便发育而将堆肥内的温度逐渐提高到60～75℃，在此温度下大多数病毒及除芽孢以外的病原菌、寄生虫幼虫和虫卵在几天到6周内死亡。粪便、垫料采用此法比较经济，消毒后不失去其作为肥料的价值。生物消毒方法多种多样，在畜禽生产中常用的有地面泥封堆肥发酵法和坑式堆肥发酵法等。

一、地面泥封堆肥发酵法

堆肥地点应选择在距离畜舍、水池、水井较远处。挖一宽 3m、两侧深 25cm 向中央稍倾斜的浅坑，坑的长度据粪便的多少而定。坑底用黏土夯实。用小树枝条或小圆棍横架于中央沟上，以利于空气流通。沟的两端冬天关闭，夏天打开。在坑底铺一层 30 ~ 40cm 厚的干草或非传染病的畜禽粪便。然后将要消毒的粪便堆积于

上。粪便堆放时要疏松，掺 10% 马粪或稻草。干粪需加水浸湿，冬天应加热水。粪便堆高 1.2m。粪便堆好后，在粪堆的表面覆盖一层厚 10cm 的稻草或杂草，然后再在草外面封盖一层 10cm 厚的泥土。这样堆放 1 ~ 3 个月后即达消毒目的。

二、坑式堆肥发酵法

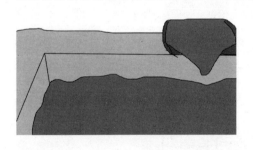

在适当的场所设粪便堆放坑池若干个，坑池的数量和大小视粪便的多少而定。坑池内壁最好用水泥或坚实的黏土筑成。堆粪之前，在坑底垫一层稻草或其他秸秆，然后堆放待消毒的粪便，上方再堆一层稻草等或健康畜禽的粪便，堆好后表面加盖或加约 10cm 厚的土或草泥。粪便堆放发酵 1 ~ 3 个月即达目的。堆粪时，若粪便过于干燥，应加水浇湿，以便其迅速发酵。另外，在生产沼气的地方，可把堆放发酵与生产沼气结合在一起。值得注意的是，生物发酵消毒法不能杀灭芽孢。因此，若粪便中含有炭疽、气肿等芽孢杆菌时，则应焚烧或加有效化学药品处理。

（1）微生物的数量

堆肥是多种微生物作用的结果，但高温纤维分解菌起着更为重要的作

用。为增加高温纤维菌的含量，可加入已腐熟的堆肥土（10% ~ 20%）。

（2）堆料中有机物的含量

有机物含量占 25% 以上，碳氮比例（C：N）为 25：1。

（3）水分

30% ~ 50% 为宜，过高会形成厌氧环境，过低会影响微生物的繁殖。

（4）pH 值

中性或弱碱性环境适合纤维分解菌的生长繁殖。为减少堆肥过程中产生的有机酸，可加入适量的草木灰、石灰等调节 pH 值。

（5）空气状况

需氧性堆肥需氧气，但通风过大会影响堆肥的保温、保湿、保肥，使温度不能上升到 50 ~ 70℃。

（6）堆表面封泥

堆表面封泥对保温、保肥、防蝇和减少臭味都有较大作用，一般以 5cm 厚为宜，冬季可增加厚度。

（7）温度

堆肥内温度一般以 50 ~ 60℃ 为宜，气温高有利于堆肥效果和堆肥速度提高。

第四节　消毒对象及消毒方法的选择

一、畜禽养殖场的消毒对象

随着我国养殖业的发展和扩大，畜禽养殖场的消毒对象日益增多。消毒的目的在于消灭传染源，切断传播途径，保护易感动物。消毒保护的动物是主要的消毒对象，而动物生存的外环境消毒是切断传播途径的重要手段。目前我国养殖业有各类型养猪场、养鸡场（肉鸡、蛋鸡及商品鸡）、养牛场（肉牛、奶牛）、养马场（使役马、观赏马及赛马等）、养兔场、养羊场、养鸽场、水禽（鹅、鸭）养殖场；火鸡、山鸡、鸵鸟养殖场；各种经济动物（貂、鹿、貉等毛皮兽类）饲养场；养犬场（肉用犬、警犬等）等。对饲养动物体表及浅表体腔实施的消毒为体内消毒，而对饲养动物环境的消毒为体外消毒，体外消毒的主要对象包括饲养动物的笼、舍、圈（包括 SPF 动物的隔离器）以及通往动物栖息地点的通道及周围空间，舍内设备包括垫料、食槽、饮水器，还包括动物饲料、饮水，动物排泄物等；附属设备房屋包括饲料库、饲料草加工场、供电、供水、供暖、运输车辆及工具；饲养员、防疫员、兽医、检验设备及相关人员，均为环境消毒的对象。

二、选择消毒方法的原则

消毒工作因消毒对象的不同往往受到多种因素和条件的影响与限制。所以，在实施消毒工作之前，要根据消毒的目的、条件和环境等因素综合考虑，选择一种或几种切实可行、有效安全的消毒方法。

1. 根据病原微生物选择

由于各种微生物对消毒因子的抵抗力不同，所以，要有针对性地选择消毒方法。对于一般的细菌繁殖体、亲脂性病毒、螺旋体、支原体、衣原体和立克次氏体等对消毒剂敏感性高的病原微生物等，可采用煮沸消毒或低效消毒剂等常规的消毒方法，如用苯扎溴铵、洗必泰等；对于结核杆菌、真菌等对消毒剂耐受力较强的微生物可选择中效消毒剂与高效的热力消毒法；对不良环境抵抗力很强的细菌芽孢须采用热力、辐射及高效消毒剂（醛类、烷类、过氧化物类消毒剂）等。真菌的孢子对紫外线抵抗力强，季铵盐类消毒剂对肠道病毒无效。

2. 根据消毒对象选择

同样的消毒方法对不同性质物品的消毒效果往往不同。动物活体消毒要注意动物体和人体的安全性和效果的稳定性。空气和圈、舍、房间等消毒采用熏蒸；物体表面消毒可采用擦、抹、喷雾；小物体靠浸泡；触摸不到的地方可用照射、熏蒸、辐射；饲料及添加剂等均采用辐射。但要特别注意对消毒物品的保护，使其不受损害，例如毛皮制品不耐高温，食具、水具、饲料、饮水等不能使用有毒或有异味的消毒剂消毒。

3. 根据消毒现场选择适当的消毒方法

　　进行消毒的环境情况往往是复杂的，对消毒方法的选择及效果的影响也是多样的。例如，要进行圈、笼、舍、房间的消毒，封闭效果好的，可以选用熏蒸消毒；封闭性差的最好选用液体消毒处理。对物体表面消毒时，耐腐蚀的物体表面用喷洒的方法好；怕腐蚀的物品要用无腐蚀的化学消毒剂喷洒、擦拭的方法消毒。对于通风条件好的房间进行空气消毒可利用自然换气法；若通风不好、污染空气长期滞留在建筑物内可以使用药物熏蒸或气溶胶喷洒等方法处理。如对空气的紫外线消毒，当室内有人或饲养有动物时，只能用反向照射法（向上方照射），以免对人或动物体造成伤害。

4. 消毒的安全性

　　选择消毒方法应时刻注意消毒的安全性。例如，在人群、动物群集的地方，不要使用具有毒性和刺激性强的气体消毒剂。在距火源50m以内的场所，不能大量使用环氧乙烷类易燃、易爆类消毒剂。在发生传染病的地区和流行病的发病场、群、舍，要根据卫生防疫要求，选择合适的消毒方法，加大消毒剂的消毒频率，以提高消毒的质量和效率。

第三章

养殖场常用消毒设备及其使用方法

第一节 物理消毒设备的使用

　　养殖场物理消毒主要有紫外线照射、机械清扫、洗刷、通风换气、干燥、煮沸、蒸汽消毒、火焰焚烧等。依照消毒的对象、环节不同需要配备相应的消毒设备，并掌握使用的方法。

一、机械清扫、冲洗设备

　　高压清洗机（见下图）的用途主要是冲洗养殖场场地、畜舍建筑、养殖场设施、设备、车辆、喷洒等。高压清洗机设计上应非常紧凑，电机与泵体可采用一体化设计。现以最大喷洒量为450L/h的产品为例对主要技术指标和使用方法进行介绍。它主要由带高压管及喷枪柄、喷枪杆、三孔喷头、洗涤剂液箱以及系列控制调节件组成。内藏式压力表置于枪柄上；三孔喷头药液喷洒可在强力、扇形、低压三种喷嘴状态下进行。操作时可做连续可调的压力和流量控制，同时设备带有溢流装置及带有流量调节阀的清洁剂入口，使整个设备坚固耐用，方便操作。

高压清洗机结构示意

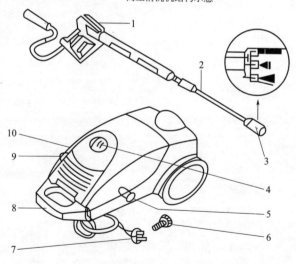

1—机器主开关(开/关)；
2—进水过滤器；
3—连接器；
4—带安全棘齿(防止倒转)的喷枪杆；
5—高压管；
6—(带压力控制的)喷枪杆；
7—电源连接插头；
8—手柄；
9—带计量阀的洗涤剂吸管；
10—高压出口

二、紫外线照射

紫外灯（低压汞灯）的用途是进行空气及物体表面的消毒。紫外线杀菌效率与其能量的波长有关，一般能量在波长为 250 ~ 260nm 的紫外线杀菌效率最高。

常用的是热阴极低压汞灯，是用钨制成双螺旋灯丝，涂上碳酸盐混合物，通电后发热的电极使碳酸盐混合物分解，产生相应的氧化物，并发射电子，电子轰击灯管内的汞蒸气原子，使其激发产生波长为 253.7nm 的紫外线。国内消毒用紫外灯光的波长绝大多数在 253.7nm 左右，有较强的杀灭微生物的作用。普通紫外灯由于照射时辐射部分 184.9nm 波长的紫外线，故可产生臭氧，也称臭氧紫外灯（低臭氧紫外灯的灯管玻璃中含有可吸收波长小于 200nm 紫外线的氧化钛，所以产生的臭氧量很小；高臭氧紫外灯在照射时可辐射较大比例 184.9nm 波长的紫外线，所以产生较高浓度的臭氧）。目前市售的紫外灯有多种形式，如直管形、H 形、U 形等，功率从几瓦到几十瓦不等，使用寿命在 300h 左右。

（一）使用方法

将紫外灯悬挂、固定在天花板或墙壁上，向下或侧向照射。该方式多用于需要经常进行空气消毒的场所，如兽医室、进场大门消毒室、无菌室等。将紫外灯管装于活动式灯架下，适于不需要经常进行消毒或不便于安装紫外灯管的场所。消毒效果依据照射强度不同而异，如达到足够的辐射度值，同样可获得较好的消毒效果。

（二）注意事项

① 选用合适反光罩，增强紫外灯光的辐照强度。注意保持灯管的清洁，定期清洁灯管。不使用时，不要频繁开闭紫外灯，以延长紫外灯的使用寿命。

② 照射消毒时，应关闭门窗。人不应该直视灯管，以免伤害眼睛。人员照射消毒时间为 20 ~ 30min。

③ 空气消毒时，许多环境因素会影响消毒效果，如空气的湿度和尘埃能吸收紫外线，当空气尘粒每立方厘米为 800 ~ 1000 个时，杀菌效果将降低 20% ~ 30%，因此在湿度较高和粉尘较多时，应适当增加紫外线的照射强度和剂量。

三、干热灭菌

（一）热空气灭菌设备

主要有电热鼓风干燥箱，用途是对玻璃仪器如烧杯、烧瓶试管、吸管、培养皿、玻璃注射器、针头、滑石粉、凡士林以及液体石蜡等按照兽医室规模进行配置灭菌。

使用中注意：在干热的情况下，由于热的穿透力低，灭菌时时间要掌握好。一般细菌繁殖体在 100℃经 1.5h 才能杀死；芽孢 140℃经 3h 杀死；真菌孢子 100 ~ 115℃经 1.5h 杀死。灭菌时也可将待灭菌的物品放进烘箱内，使温度逐渐上升到 160 ~ 180℃，热穿透至被消毒物品中心，经 2 ~ 3h 可杀死全部细菌及芽孢。

（二）火焰灭菌设备

主要是火焰专用型喷灯和喷雾火焰兼用型，直接用火焰灼烧，可以立即杀死存在于消毒对象的全部病原微生物。

1. 火焰喷灯

利用汽油或煤油作燃料的一种工业用喷灯。因喷出的火焰具有很高的温度，所以在实践中常用于消毒各种被病原体污染的金属制品，如管理家畜用的用具、金属的笼具等。但在消毒时不要喷烧过久，以免将消毒物烧坏，在消毒时还应有一定的顺序，以免发生遗漏（见下图）。

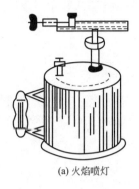

火焰灭菌设备

(a) 火焰喷灯 　　　　　　　　(b) 喷雾火焰兼用型

2. 喷雾火焰兼用型

产品特点是使用轻便，适用于大型机种无法操作的地方；易于携带，适宜室内外小型及中型面积处理，方便快捷，操作容易；采用全不锈钢，机件坚固耐用。兼用型除上述特点外，还很节省药剂，可根据被使用的场所和目的，用旋转式药剂开关来调节药量；节省人工费用，用 1 台烟雾消毒器能达到 10 台手压式喷雾器的作业效率；消毒器喷出的直径 5 ~ 30 μm 的小粒子形成雾状浸透在每个角落，可达到最大的消毒效果。

四、湿热灭菌设备

（一）煮沸消毒设备

主要是消毒锅，适用于消毒器具、金属、玻璃制品、棉织品等。消毒锅一般使用金属容器。这种方法简单、实用、杀菌能力比较强、效果可靠，是最古老的消毒方法之一。煮沸消毒时要求水沸腾 5 ~ 15min。一般水温能达到 100℃，细菌繁殖体、真菌、病毒等可立即死亡。而细菌芽孢需要的时间比较长，要 15 ~ 30min，有的要几个小时才能杀灭。

煮沸消毒注意事项如下。

① 应清洗被消毒物品后再煮沸消毒；除玻璃制品外，其他消毒物品应在水沸腾后加入；被消毒物品应完全浸于水中，不超过消毒锅总容量的

3/4；消毒时间从水沸腾后计算；消毒过程中如中途加入物品，需待水煮沸后重新计算时间。

② 棉织品的消毒应适当搅拌。

③ 消毒注射器材时，针筒、针头等应拆开分放。

④ 经煮沸灭菌的物品，"无菌"有效期不超过 6h；一些塑料制品等不能煮沸消毒。

（二）蒸汽灭菌设备

蒸汽灭菌设备主要是手提式下排气式压力蒸汽灭菌器。是畜牧生产中兽医室、实验室等部门常用的小型高压蒸汽灭菌器。容积约 18L，重 10kg 左右，这类灭菌器的下部有个排气孔，用来排放灭菌器内的冷空气。

1. 操作方法

① 在容器内盛水约 3L（如为电热式则加水至覆盖底部电热管）。

② 将要消毒物品连同盛物的桶一起放入灭菌器内，将盖子上的排气软管插于铝桶内壁的方管中。

③ 盖好盖子，拧紧螺丝。

④ 加热，在水沸腾后 1 ~ 15min，打开排气阀门，放出冷空气，待冷气放完关闭排气阀门，使压力逐渐上升至设定值，维持预定时间，停止加热，待压力降至常压时，排气后即可取出被消毒物品。

⑤ 若消毒液体时，则应慢慢冷却，以防止因减压过快造成液体的猛烈沸腾而冲出瓶外，甚至造成玻璃瓶破裂。

2. 压力蒸汽灭菌的注意事项

① 消毒物品的预处理。消毒物品应先进行洗涤，再高压灭菌。

② 压力蒸汽灭菌器内空气应充分排除。如果压力蒸汽灭菌器内空气不能完全排出，此时尽管压力表可能已显示达到灭菌压力，但被消毒物品内部温度低、外部温度高，蒸汽的温度达不到要求，导致灭菌失败。所以空气一定要完全排除掉。

③ 灭菌时间应合理计算。压力蒸汽灭菌的时间，应由灭菌器内空气达到要求温度时开始计算，至灭菌完成时为止。灭菌时间一般包括以下三个部分：热力穿透时间、微生物热死亡时间、安全时间。热穿透时间即从消毒器内达到灭菌温度至消毒物品中心部分达到灭菌温度所需时间，与物品的性质、包装方法、体积大小、放置状况、灭菌器内空气残留情况等因素有关。微生物热死亡时间即杀灭微生物所需要时间，一般用杀灭嗜热脂肪杆菌芽孢的时间来表示，115℃为30min，121℃为12min，132℃为2min。安全时间一般为微生物热死亡时间的1/2。一般下排式压力蒸汽灭菌器总共所需灭菌时间是115℃为30min，121℃为20min，126℃为10min；此处的温度是根据灭菌器上的压力表所示的压力数来确定的，当压力表显示97.31kPa，灭菌器内温度为121℃；137.90kPa为126℃。

④ 消毒物品的包装不能过大，以利于蒸汽的流通，使蒸汽易于穿透到物品的内部，使物品内部达到灭菌温度。另外，消毒物品的体积应不超过消毒器容积的85%；消毒物品的放置应合理，物品之间应保留适当的空间利于蒸汽的流通，一般垂直放置消毒物品可提高消毒效果。

⑤ 加热速度不能太快。加热速度过快，使温度很快达到要求温度，而物体内部尚未达到（物品内部达到所需温度需要较长时间），致使在预定的消毒时间内达不到灭菌要求。

⑥ 注意安全操作。由于要产生高压，所以安全操作非常重要。高压灭菌前应先检查灭菌器是否处于良好的工作状态，尤其是安全阀是否良好；加热必须均匀，开启或关闭送气阀时动作应轻缓；加热和送气前应检查门或盖子是否关紧；灭菌完毕后减压不可过快。

五、电子消毒器

国外发明了一种利用专门电子仪器将空气高能离子化的电子消毒器（见下图）。其工作原理是从离子产生器上发射上千亿个离子，并迅速向空间传播，这些离子吸住空气中的微粒并使其电极化，导致正负离子微粒相互吸引形成更大的微粒团，重量不断增加而降落并吸附到物体表面上，使空气微粒中的带病微生物、氨气和其他有机微粒显著减少，最终成功地减少气源传播疾病的概率。有试验表明，鸡舍中使用该消毒器以后，空气中氨气含量降低

45%，细菌减少 40% ~ 60%，鸡的死亡降低 36%，鸡的增重加快。

电子消毒器组成示意图

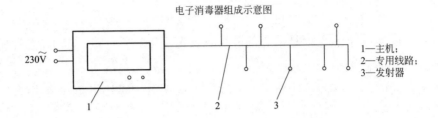

230$\tilde{V}$

1—主机；
2—专用线路；
3—发射器

1   2   3

第二节 化学消毒和生物消毒设备的使用

一、喷雾器

（一）背负式手动喷雾器

主要用于包括对场地、畜舍、设施和带畜（禽）的喷雾消毒。产品结构简单，保养方便，喷洒效率高。常见的背负式手动喷雾器如下图所示。

常见的背负式手动喷雾器

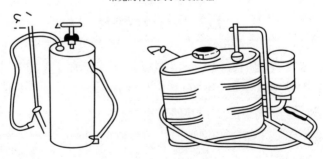

（二）机动喷雾器

按照喷雾器的动力来源可分为手动型、机动型；按使用的消毒场所可分为背携式、下压式、担架式等（见下图），常用于场地消毒以及畜舍消毒。设备特点是：有动力装置；重量轻，振动小，噪声低；高压喷雾、高效、安全、经济、耐用；用少量的液体即可进行大面积消毒，且喷雾迅速。

机动喷雾器

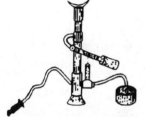

(a) 下压式喷雾器　　(b) 背携式机动喷雾器　　　　(c) 担架式高压机动喷雾器

高压机动喷雾器主要由喷管、药水箱、燃料箱、高效二冲程发动机组成，使用中注意事项如下。

① 操作者喷雾消毒时应穿防护服，戴防护面具或安全护目镜。

② 避免对现场第三方造成伤害。

③ 每次使用后，及时清理和冲洗喷雾器的容器和有关与化学药剂相接触的部件以及喷嘴、滤网、垫片、密封件等易耗件，以避免残液造成的腐蚀和损坏。

（三）手扶式喷洒机

用于大面积喷洒环境消毒，尤其在场区环境消毒、疫区环境消毒防疫中使用。产品特点是二冲程发动机强劲有力，不仅驱动着行驶，而且驱动着辐射式喷洒及活塞膜片式水泵。进、退各两挡使其具有爬坡能力及良好的地形适应性。快速离合及可调节手闸保证在特殊的山坡上也能安全工作。主要结构是较大排气量的二冲程发动机带有变速装置如前进/后退，药箱容积相对较大，适宜连续消毒作业。每分钟喷洒量大，同时具有较大的喷洒压力，可短时间内胜任大量的消毒工作。

二、消毒液机

（一）用途

现用现制快速生产含氯消毒液。适用于畜禽养殖场、屠宰场、运输车船，人员防护消毒以及发生疫情的病源污染区的大面积消毒。由于消毒液机使用的原料只是常见的食盐、水、电，操作简便，具有短时间内就可以生产大量消毒液的能力，另外用消毒液机电解生产的含氯消毒剂是一种无毒、刺激性小的高效消毒剂，不仅适用于环境消毒、带畜消毒，还可用于食品的消毒、饮用水的消毒、洗手消毒等，对环境造成的污染小。消毒液机的这些特点对需要进行完全彻底的防疫消毒，对人畜共患病疫区的综合性消毒防疫以及减少运输、仓储、供应等环节的意外防疫漏洞方面具有特殊的使用优势。

（二）工作原理

消毒液机的工作原理是以盐和水为原料，通过电化学方法生产含氯消毒液。消毒液机采用先进的电解模式 BIVT 技术，生产次氯酸钠、二氧化氯复合消毒剂，其中二氧化氯高效、广谱、安全、持续时间长，是联合国世界卫生组织 1948 年列为 A1 级的安全消毒剂。次氯酸钠、二氧化氯形成了协同杀菌作用，从而具有更高的杀菌效果。例如，次氯酸钠杀灭枯草芽孢需要 2000mg/kg、10min，而消毒液机生产的复合含氯消毒剂只需要 250mg/kg、5min。消毒液机的主要结构如下图所示。

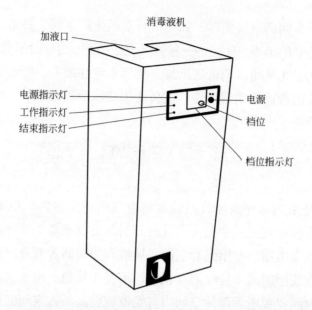

消毒液机

加液口

电源指示灯
工作指示灯
结束指示灯

电源
档位

档位指示灯

　　由于消毒机产品整体的技术水平参差不齐，养殖场在选择消毒机类产品时，主要应注意三个方面：①消毒机是否能生产复合消毒剂；②要特别注意消毒机的安全性；③使用寿命。畜牧场在选择时应了解有关消毒机的国家标准，在满足安全生产的前提下，选择安全系数高，药液产量、浓度正负误差小，使用寿命长的优质产品。按国标规定，消毒液机的排氢量要精确到安全范围以内。一般来说，消毒机在连续生产时，超过产率 25g/h，氢气排量将超出安全范围，容易引起爆炸等安全事故，因此必须加装排氢气装置以及其他调控设备，才能避免生产过程中出现危险。如果产率小于 25g/h 的消毒液机要选择生产精度高的、浓度能控制在 5% 范围内的产品，防止生产操作误差而造成的排氢量超标。好的消毒液机使用寿命可高达 3 万小时，相当于每天使用 8h 可以使用 10 年时间。

三、臭氧空气消毒机

（一）产品用途

　　臭氧空气消毒机主要用于养殖场的兽医室、大门口消毒室的环境空气的消毒，生产车间的空气消毒，如屠宰行业的生产车间、畜禽产品的加工车间及其他洁净区的消毒。臭氧是一种强氧化杀菌剂，消毒时呈弥漫扩散方式，因此消毒彻底、无死角，消毒效果好。臭氧稳定性极差，常温下 30min 后自行分解。因此消毒后无残留毒性，被公认为"洁净消毒剂"。

（二）工作原理

产品多是采用脉冲高压放电技术将空气中一定量的氧电离分解后形成三氧（O_3，俗称臭氧），并配合先进的控制系统组成新型消毒器械。其主要结构包括臭氧发生器、专用配套电源、风机和控制器等部分，臭氧消毒为气相消毒，与直线照射的紫外线消毒相比，不存在死角。由于臭氧极不稳定，其发生量及时间要视所消毒的空间内各类器械物品所占空间的比例及当时的环境温度和相对湿度而定。可根据需要消毒的空气容积，选择适当的型号和消毒时间。

第三节 生物消毒设施

生物消毒常用于废弃物处理，其设施主要有发酵池或沼气池，其结构如下图所示。

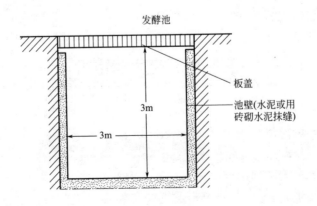

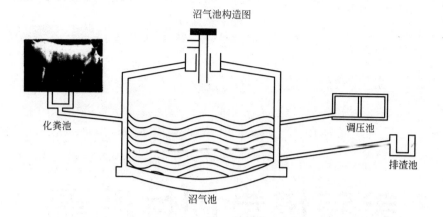

沼气池构造图

化粪池

调压池

排渣池

沼气池

第四章
养殖场常规性消毒

第一节 隔离消毒

一、出入人员的消毒

人们的衣服、鞋子可被细菌或病毒等病原微生物污染，成为传播疫病的媒介。养殖场要有针对性地建立防范对策和消毒措施，防控进场人员，特别是外来人员传播疫病。为了便于实施消毒，切断传播途径，需在养殖场大门的一侧和生产区设更衣室、消毒室和淋浴室，供外来人员和生产人员更衣、消毒。要限制与生产无关的人员进入生产区。

生产人员进入生产区时，要更换工作服（衣、裤、靴、帽等），必要时进行淋浴、消毒，并在工作前后洗手消毒。一切可染疫的物品不准带入场内，凡进入生产区的物品必须进行消毒处理。要严格限制外来人员进入养殖场，经批准同意进入者，必须在入门处喷雾消毒，再更换场方专用的工作服后方准进入，但不准进入生产区。此外，养殖场要谢绝参观，必要时安排在适当距离之外，在隔离条件下参观。

在养殖场的入口处，设专职消毒人员和喷雾消毒器、紫外线杀菌灯、脚踏消毒槽（池），对出入的人员实施衣服喷雾或照射消毒。淋浴消毒室和一般消毒室布局，如下图所示。

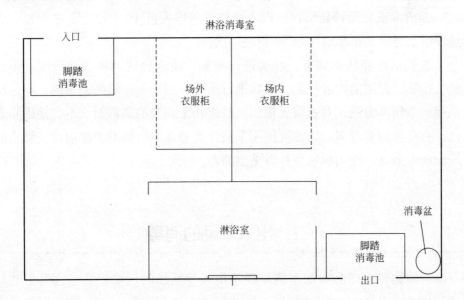

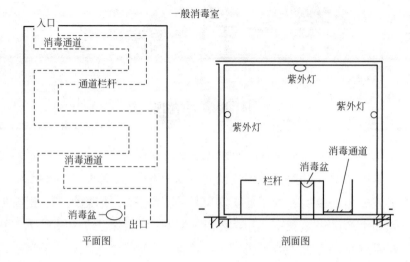

一般消毒室

入口
消毒通道
通道栏杆
消毒通道
消毒盆
出口

平面图

紫外灯
紫外灯
紫外灯
消毒通道
栏杆
消毒盆

剖面图

　　脚踏消毒池消毒是国内外养殖场用得最多的消毒方法，但对消毒池的使用和管理很不科学，影响消毒效果。消毒池中有机物含量、消毒液的浓度、消毒时间长短、更换消毒液的时间间隔、消毒前是否用刷子刷鞋子等对消毒效果都会有影响。所以在实际操作中要注意以下几点：

　　①毒液要有一定的浓度。

　　②工作鞋在消毒液中浸泡时间至少达 1min。

　　③工作人员在通过消毒池之前先把工作鞋上的粪便刷洗干净，否则不能彻底杀菌。

　　④消毒池要有足够深度，最好达 15cm，使鞋子全面接触消毒液。

　　⑤消毒液要保持新鲜，一般大单位（工作人员 45 人以上）最好每天更换一次消毒液，小单位可每 7d 更换一次。

　　衣服消毒要从上到下，普遍进行喷雾，使衣服达到潮湿的程度。用过的工作服，先用消毒液浸泡，然后进行水洗。用于工作服的消毒剂，应选用杀菌、杀病毒力强，对衣服无损伤，对皮肤无刺激的消毒剂。不宜使用易着色，有臭味的消毒剂。通常可使用季铵盐类消毒剂、碱类消毒剂及过氧乙酸等做浸泡消毒，或用福尔马林做熏蒸消毒。

二、出入车辆的消毒

　　运输饲料、产品等的车辆是经常出入养殖场的运输工具。这类车辆与出入的人员比较，不但面积大，而且所携带的病原微生物也多，因此对车辆更有必要进行消毒。为了便于消毒，大、中型养鸡场可在大门口设置与门同等宽的自动化喷雾消毒装置，小型养殖场设置喷雾消毒器，对出入车辆的车身和底盘进行喷雾消毒。消毒槽（池）内铺草垫浸以消毒液，供车辆通过时进行轮胎消毒。有的在门口撒干石灰，那是起不到消毒作用的。车辆消毒应选用对车体涂层和金属部件无损伤的消毒剂，具有强酸性的消毒剂不适合用于车辆消毒。消毒槽（池）的消毒剂，最好选用耐有机物、耐日光、不易挥发、杀菌广谱、杀菌力强的消毒剂，并按时更换，以保持消毒效果。车辆消毒一般可使用博灭特、百毒杀、强力消毒王、优氯净、过氧乙酸、苛性钠、抗毒威及农福等。养殖场大门车辆消毒池见下图。

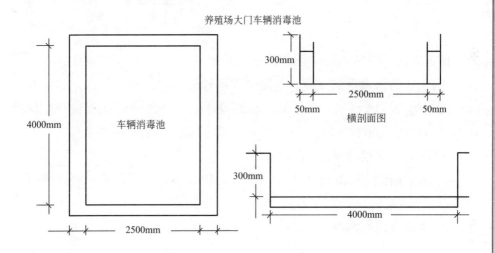

养殖场大门车辆消毒池

三、出入设备用具的消毒

装运产品、动物的笼、箱等容器以及其他用具，都可成为传播疫病的媒介。因此，对由场外运入的容器与其他用具，必须做好消毒工作。为防疫需要，应在养殖场入口附近（和畜禽舍有一定距离），设置容器消毒室，对由场外运入的容器及其他用具等进行严格消毒。

消毒时注意勿使消毒废水流向畜禽舍，应将其排入排水沟。

用具消毒设备由淋浴和消毒槽两部分组成（见下图）在消毒槽内设有蒸汽装置，用以进行消毒液升温。消毒液必须在每天开始作业前和午前10时与午后1时更换3次，与此同时拔掉槽底的塞子，将泥土、污物等排出洗净。消毒液经蒸汽升温，在冬季一般保持在 60℃，能收到很好的消毒效果。温度过高易烫伤消毒作业人员，浪费燃料。

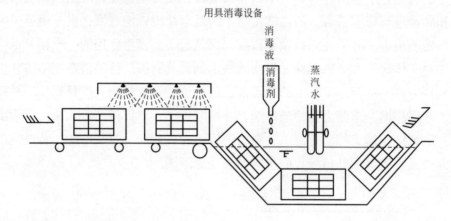

用具消毒设备

消毒时注意事项如下。

（1）保持消毒液的浓度、温度与作用时间

配制消毒液时必须合理计算，按照要求配制；消毒液的温度一般保持在 50～60℃，浸泡时间为 15～20min，多数细菌和病毒可被杀死。

（2）适时更换消毒液

容器内常附着粪便和其他有机物，会降低消毒效果，所以要适时更换消毒液。

（3）充分进行水洗

容器内外常附着粪便和其他有机物，如果不洗干净，一些病原微生物不能彻底消灭，所以消毒前要洗刷干净。

第二节　畜禽舍的清洁消毒

畜禽舍是畜禽生活和生产的场所，由于环境和畜禽本身的影响，舍内容易存在和滋生微生物。在畜禽淘汰、转群后或入舍前，对畜禽舍进行彻底的清洁消毒，为入舍畜群创造一个洁净卫生的条件，有利于减少畜禽疾病的发生。

一、畜禽舍消毒工作应遵循的原则

畜禽舍消毒的目的是尽可能地减少病原的数量。消毒工作应遵循一定的原则。

① 所选用的消毒剂应与清洁剂相溶。如果所用清洁剂含有阳离子表面活性剂，则消毒剂中应无阴离子物质（酚类及其衍生物如甲酚不能与非离子表面活性剂和阳离子物质如李铵盐相溶）。

② 大多数消毒应在非常清洁的表面上进行，因为残留的有机物有可能使消毒剂效果降低甚至失活。

③ 在固定地点进行设备清洁和消毒更有利于卫生管理。

④ 用高压冲洗器进行消毒时，所选压力应低一些。

⑤ 经化学药液消毒后再熏蒸消毒，能获得最佳的消毒效果。

二、畜禽舍清洁

应用合理的清理程序能有效地清洁畜禽舍及相关环境。好的清洁工作应能清除场内 80% 的微生物，这将有助于消毒剂更好地杀灭余下的病原菌。

（一）畜禽舍清理程序

① 移走动物并清除地面和裂缝中的垫料后，将杀虫剂直接喷洒于舍内各处。

② 彻底清理更衣室、卫生隔离栏栅和其他与禽舍相关场所；彻底清理饲料输送装置、料槽、饲料储器和运输器以及称重设备。

③ 将在畜禽舍内无法清洁的设备拆卸至临时场地进行清洗，并确保其清洗后的排放物远离禽舍；将废弃的垫料移至畜禽场外，如需存放在场内，则应尽快严密地盖好以防被昆虫利用，并转移至临近畜禽舍。

④ 取出屋顶电扇以便更好地清理其插座和转轴。在墙上安装的风扇则

可直接清理，但应能有效地清除污物；干燥的清理难以触及进气阀门的内外表面及其转轴，特别是积有更多灰尘的外层。对不能用水来清洁的设备，应干拭后加盖塑料防护层。

⑤ 清除在清理并干燥后的畜禽舍中所残留的粪便和其他有机物。

⑥ 将饮水系统排空、冲洗，灌满清洁剂并浸泡适当的时间后再清洗。

⑦ 就水泥地板而言，用清洁剂溶液浸泡 3h 以上，再用高压水枪冲洗。应特别注意冲洗不同材料的连接点和墙与屋顶的接缝，使消毒液能有效地深入其内部。饲喂系统和饮水系统也同样用泡沫清洁剂浸泡 30min 后再冲洗。在应用高压水枪时，出水量应足以迅速冲掉这些泡沫及污物，但注意不要把污物溅到清洁过的表面上。

⑧ 泡沫清洁剂能更好地黏附在天花板、风扇转轴和墙壁的表面，浸泡约 30min 后，用水冲下。由上往下，用可四周转动的喷头冲洗屋顶和转轴，用平直的喷头冲洗墙壁。

⑨ 清理供热装置的内部，以免当畜禽舍再次升温时，蒸干的污物碎片被吹入干净的房舍；注意水管、电线和灯管的清理。

⑩ 以同样的方式清洁和消毒禽舍的每个房间，包括死禽储藏室；清除地板上残留的水渍。

⑪ 检查所有清洁过的房屋和设备，看是否有污物残留。

⑫ 清洗和消毒错漏过的设备。

⑬ 重新安装好畜禽舍内设备包括通风设备。

⑭ 关闭房舍，给需要处理的物体（如进气口）表面加盖好可移动的防护层。

⑮ 清洗工作服和靴子。

（二）饮水系统的清洁与消毒

对于封闭的乳头饮水系统而言，可通过松开部分的连接点来确认其内部的污物。污物可粗略地分为有机物（如细菌、藻类或霉菌）和无机物（如盐类或钙化物）。可用碱性化合物或过氧化氢去除前者或用酸性化合物去除后者，但这些化合物都具有腐蚀性，必须确认主管道及其分支管道均被冲洗干净。

① 封闭的乳头或杯形饮水系统先高压冲洗，再将消毒液灌满整个系统，并通过闻每个连接点的化学药液气味或测定其 pH 值来确认是否被充满。浸

泡 24h 以上，充分发挥化学药液的作用后，排空系统，并用净水彻底冲洗。

② 开放的圆形或杯形饮水系统用清洁液浸泡 2 ~ 6h，将钙化物溶解后再冲洗干净；如果钙质过多，则必须刷洗。将带乳头的管道灌满消毒药，浸泡一定时间后冲洗干净并检查是否残留有消毒药；而开放的部分则可在浸泡消毒液后冲洗干净。

三、畜禽舍的消毒步骤

畜禽舍的消毒步骤如下。

（1）清洁

按照上面的清洁程序进行清洁。

（2）冲洗

用高压水枪冲洗鸡舍的墙壁、地面、屋顶和不能移出的设备用具，不留一点污垢，有些设备不能冲洗可以使用抹布擦净上面的污垢。

（3）消毒药喷洒

畜禽舍冲洗干燥后，用 5% ~ 8% 的火碱溶液喷洒地面、墙壁、屋顶、笼具、饲槽等 2 ~ 3 次，用清水洗刷饲槽和饮水器。其他不易用水冲洗和火碱消毒的设备可以用其他消毒液涂擦。

（4）移出的设备消毒

畜禽舍内移出的设备用具放到指定地点，先清洗再消毒。如果能够放入消毒池内浸泡的，最好放在 3% ~ 5% 的火碱溶液或 3% ~ 5% 的福尔马林溶液中浸泡 3 ~ 5h；不能放入池内的，可以使用 3% ~ 5% 的火碱溶液彻底全面喷洒。消毒 2 ~ 3h 后，用清水清洗，放在阳光下曝晒备用。

（5）熏蒸消毒

能够密闭的畜禽舍，特别是幼畜舍，将移出的设备和需要的设备用具移入舍内，密闭熏蒸后待用。熏蒸常用的药物用量与作用时间，随甲醛气体产生的方法与病原微生物的种类不同而有差异。在室温为 18 ~ 20℃，相对湿度为 70% ~ 90% 时，使用剂量见下表。

甲醛熏蒸消毒处理剂量

产生甲醛蒸汽方法	微生物类型	使用药物与剂量	作用时间 /h
福尔马林加热法	细菌繁殖体	福尔马林 12.5 ~ 25mL/m³	12 ~ 24
	细菌芽孢	福尔马林 25 ~ 50mL/m³	
福尔马林高锰酸钾法	细菌繁殖体	福尔马林 42mL/m³	12 ~ 24
		高锰酸钾 21g/m³	
福尔马林漂白粉法	细菌繁殖体	福尔马林 20mL/m³	12
		漂白粉 20g/m³	12 ~ 24
多聚甲醛加热法	细菌芽孢	多聚甲醛 10 ~ 20g/m³	12 ~ 24
醛氯消毒合剂法	细菌繁殖体	醛氯消毒合剂 3g/m³	1
微囊醛氯消毒合剂法	细菌繁殖体	微囊醛氯消毒合剂 3g/m³	1

第三节　水源的处理消毒

　　养殖场水源要远离污染源，水源周围 50m 内不得设置储粪场、渗漏厕所。水井设在地势高燥处，防止雨水、污水倒流引起污染。定期进行水质检测和微生物及寄生虫检查。饮用水中常存在大量的细菌和病毒，特别是受到污染的情况下，饮水常常是畜禽呼吸道和消化道疾病最主要的传播途径。为杜绝经水传播疾病的发生和流行，保证畜禽的健康，养殖场可以将水经消毒处理后再让畜禽饮用。

一、养殖场水源的卫生标准

（一）水的卫生学标准

　　水的卫生学标准根据使用目的不同分为畜禽饮用水水质标准和畜禽产品加工用水水质标准。对畜牧场水源的卫生学标准必须执行 NY 5027—2008

《无公害食品　畜禽饮用水水质》以及 NY 5028—2008《无公害食品　畜禽产品加工用水水质》。畜禽饮用水水质标准见下表。

畜禽饮用水水质标准

项目			标准值	
			畜	禽
感官性状及一般化学指标	色 /（°）	≤	30°	
	浑浊度 /（°）	≤	20°	
	臭和味		不得有异臭、异味	
	肉眼可见物		不得含有	
	总硬度（以 $CaCO_3$ 计）/（mg/L）	≤	1500	
	pH	≤	5.5 ~ 9	6.8 ~ 8.0
	溶解性总固体 /（mg/L）	≤	4000	2000
	氯化物（以 Cl^- 计）/（mg/L）	≤	1000	250
	硫酸盐（以 SO_4^{2-} 计）/（mg/L）	≤	500	250
细菌学指标≤	总大肠菌群 /（MPN/100mL）	≤	成年畜 100，幼畜和禽 10	
毒理学指标	氟化物（以 F^- 计）/（mg/L）	≤	2.0	2.0
	氰化物 /（mg/L）	≤	0.2	0.05
	总砷 /（mg/L）	≤	0.2	0.2
	总汞 /（mg/L）	≤	0.01	0.001
	铅 /（mg/L）	≤	0.1	0.1
	铬（六价）/（mg/L）	≤	0.1	0.05
	镉 /（mg/L）	≤	0.05	0.01
	硝酸盐（以 N 计）/（mg/L）	≤	10	3.0

（二）水的细菌学指标

评价水的质量指标主要有水的感官性状、化学性状、毒理学指标和细菌学指标。水的感官性状、化学性状、毒理学指标反映了水质受到有毒有害物质的污染情况，而细菌学指标反映了水受到微生物污染的状况。饮用水应

不含病原微生物、寄生虫、虫卵及水生植物，有毒物质不超过最大允许浓度，微量元素不能低于正常值。水中可能含有多种细菌，其中以埃希氏杆菌属、沙门氏菌属及钩端螺旋体属最为常见，评价水质卫生的细菌学指标通常有细菌总数和大肠菌群数。虽然水中的非致病性细菌含量较高时可能对动物机体无害，但在饮水卫生要求上总的原则是水中的细菌越少越好。

畜禽饮用水每 100mL 的细菌总数：成年家畜应不超过 10 个，幼龄家畜和禽类应不超过 1 个。饮用水只要加强管理和消毒，一般能达到此标准。

细菌学检查特别是肠道菌的检查，可作为水受到动物性污染及其污染程度的有力根据，在流行病学上具有重要意义。在实际工作中，通常以检验水中的细菌总数和大肠杆菌总数来间接判断水质受到人畜粪便等的污染程度，再结合水质理化分析结果，综合分析，才能正确而客观地判断水质。

1. 细菌总数

于 37℃培养 24h 后所生长的细菌菌落数即为细菌总数。但在人工培养基上生长繁殖的仅仅是适合于实验条件的细菌菌株，不是水中所有的细菌都能在这种条件下生长，所以细菌总数并不能表示水中全部细菌菌落数，也无法说明究竟有无病原菌存在，只能用于相对地评价水质是否被污染和污染程度。当水源被人畜粪便及其他物质污染时，水中细菌总数急剧增加。因此，细菌总数可作为水被污染的指标。

2. 大肠菌群数

水中大肠菌群的数量，一般用大肠菌群指数或大肠菌群值来表示。大肠菌群指数是指 1L 水中所含大肠菌群的数目。大肠菌群值是指含有 1 个大肠菌群的水的最小容积（毫升数），这两种指标互为倒数关系，表示方式如下：

大肠菌群指数 =1000/ 大肠菌群值

在正常情况下，肠道中主要有大肠菌落、粪链球菌（肠球菌）和厌气芽孢菌三类。它们都可随人畜粪便进入水体。由于大肠菌群在肠道中数量最多，生存时间比粪链球菌长而比厌气芽孢菌短，生活条件又与肠道病原菌相似，因而能反映水体被粪便污染的时间和状况。该指标检测技术简便，故被作为水质卫生指标，它可直接反映水体受人畜粪便污染的状况。

二、水的人工净化

养殖场用水量较大，天然水质很难达到 NY 5027—2008《无公害食品畜禽饮用水水质》要求以及畜牧场人员《生活饮用水卫生标准》要求，因此针对不同的水源条件，经常要进行水的净化与消毒。水的净化处理方法有沉淀（自然沉淀及混凝沉淀）、过滤、消毒和其他特殊的净化处理措施。沉淀和过滤不仅可以改善水质的物理性状，除去悬浮物质，而且能够消除部分病原体。消毒的目的主要是杀灭水中的各种病原微生物，保证畜禽饮用安全。一般来讲可根据牧场水源的具体情况，适当选择相应的净化消毒措施。

地面水常含有泥沙等悬浮物和胶体物质，比较浑浊，细菌的含量较多，需要采用混凝沉淀、砂滤和消毒法来改善水质，才能达到《无公害食品　畜禽饮用水水质》（NY 5027—2008）要求。地下水相对较为清洁，只需消毒处理即可。

（一）混凝沉淀

从天然水源取水时，当水流速度减慢或静止时，水中原有悬浮物可借本身重力逐渐向水底下沉，使水澄清，称为自然沉淀。但水中软细的悬浮物及胶质微粒，因带有负电荷，彼此相斥不易凝集沉降。因此必须加入明矾、硫酸铝和铁盐（如硫酸亚铁、氯化铁等）混凝剂，与水中的重碳酸盐生成带正电荷的胶状物，带正电荷的胶状物与水中原有的带负电荷的极小的悬浮物及胶质微粒凝聚成絮状物而加快沉降，此称混凝沉淀。这种絮状物表面积和吸附力均较大，可吸附一些不带电荷的悬浮微粒及病原体而加快沉降，因而使水的物理性状大大改善，可减少病原微生物90%左右。该过程主要形成氢氧化铝和氢氧化铁胶状物。这种胶状物带正电荷，能与水中具有负电荷的微粒相互吸引凝集，形成逐渐加大的絮状物而混凝沉淀。一般可减除悬浮物70%～95%，其除菌效果约90%。混凝沉淀的效果与一系列因素有关，如浑浊度大小、温度高低、混凝沉淀的时间长短和不同的混凝剂用量。可通过混凝沉淀试验来确定，普通河水用明矾时，需40～60mg/L，浑浊度低的水以及在冬季水温低时，往往不易混凝沉淀。此时可投加助凝剂如硅酸钠等，以促进混凝。

（二）砂滤

砂滤是把浑浊的水通过砂层，使水中悬浮物、微生物等阻留在砂层上部，使水得到净化。砂滤的基本原理是阻隔、沉淀和吸附作用。滤水的效果取决于滤池的构造、滤料粒径的适当组合、滤层的厚度、滤过的速度、水的浑浊度和滤池的管理情况等因素。

集中式给水的过滤，一般可分为慢砂滤池和快砂滤池两种。目前大部分自来水厂采用快砂滤池，而简易自来水厂多采用慢砂滤池。

分散式给水的过滤，可在河或湖边挖渗水井，使水经过地层自然滤过，从而改善水质。如能在水源和渗水井之间挖一砂滤沟，或在建筑水边挖一砂滤井，则能更好地改善水质。此外，也可采用砂滤缸或砂滤桶来滤过（见下图）。

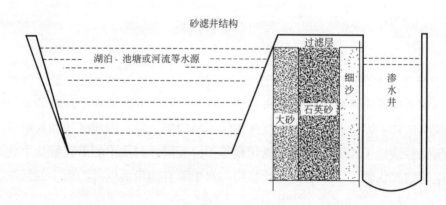

砂滤井结构

三、饮用水的消毒方法

（一）饮用水的消毒方法

1. 物理消毒法

物理法有煮沸消毒法、紫外线消毒法、超声波消毒法、磁场消毒法、电子消毒法等。

2. 化学消毒法

使用化学消毒剂对饮用水进行消毒，是养殖场饮用水消毒的常用方法。

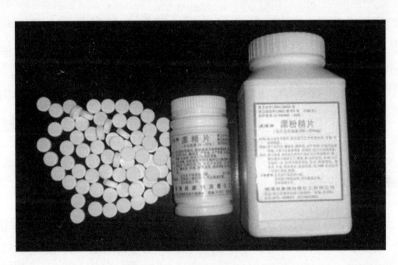

（二）饮水消毒常用的化学消毒剂

理想的饮用水消毒剂应无毒、无刺激性，可迅速溶于水中并释放出杀菌成分，对水中的病原性微生物杀灭力强，杀菌谱广，不会与水中的有机物或无机物发生化学反应和产生有害有毒物质，无残留，价廉易得，便于保存和运输，使用方便等。目前常用的饮用水消毒剂主要有氯制剂、碘制剂和二氧化氯。

1. 氯制剂

在养殖场常用于饮用水消毒的氯制剂有漂白粉、二氯异氰尿酸钠、漂白粉精、氯氨T等，其中前两者使用较多。漂白粉含有效氯25%～32%，价格较低，应用较多，但其稳定性差，遇日光、热、潮湿等分解加快，在保存中有效氯含量每日损失量在0.5%～3.0%，从而影响到其在水中的有效消毒浓度；二氯异氰尿酸钠含有效氯60%～64.5%，性质稳定，易溶于水，杀菌能力强于大多数氯胺类消毒剂。氯制剂溶解于水中后产生次氯酸而具有杀菌作用，杀菌谱广，对细菌、病毒、真菌孢子、细菌芽孢均有杀灭作用。氯制剂的使用浓度和作用时间、水的酸碱度和水质、环境和水的温度、水中有机物等都会影响氯制剂的消毒效果。

2. 碘制剂

可用于消毒水的碘制剂有碘单质（碘片）和有机碘、碘伏等。碘片在水中溶解度极低，常用2%碘酒来代替；有机碘化合物含活性碘25%～40%；碘伏是一种含碘的表面活性剂，在兽医上常用的碘伏类消毒剂为阳离子表面活性物碘。碘及其制剂具有广谱杀灭细菌、病毒的作用，但对细菌芽孢、真菌的杀灭力略差，其消毒效果受水中有机物、酸碱度和温度的影响。碘伏易受到其拮抗物的影响，使其杀菌作用减弱。

3. 二氧化氯

二氧化氯是目前消毒饮用水最为理想的消毒剂。二氧化氯是一种很强的氧化剂，它的有效氯的含量为263%，这是因为二氧化氯的含氯量为52.6%，在氧化还原反应中，ClO_2中的Cl由$\overset{+4}{Cl}$变为Cl^-，其有效氯含量的计算为$5 \times 52.6\% = 263\%$。二氧化氯杀菌谱广，对水中细菌、病毒、细菌芽孢、真菌孢子都具有杀灭作用。二氧化氯的消毒效果不受水质、酸碱度、温度的影响，不与水中的氨化物起反应，能脱掉水中的色和味，改善水的味道。但是二氧化氯制剂价格较高，大量用于饮用水消毒会增加消毒成本。目前常用的二氧化氯制剂有二元制剂和一元制剂两种。其他种类的消毒剂则较少用于饮用水的消毒。

在养猪场中饮用水的消毒剂主要有漂白粉、二氯异氰尿酸钠和二氧化氯三种，从经济效益出发，漂白粉虽然价廉，但极易下降，不能保证对水的有效消毒；二氧化氯价高，用于猪场中大量水的消毒成本稍高；二氯异氰尿酸钠价格适中，易于保存，最适合用于规模化猪场对饮用水的消毒。

（三）饮水消毒的操作方法

为了做好饮用水的消毒，首先必须选择合适的水源。在有条件的地方尽可能地使用地下水。在采用地表水时，取水口应在猪场自身的和工业区或居民区的污水排放口上游，并与之保持较远的距离；取水口应建立在靠近湖泊或河流中心的地方，如果只能  在近岸处取水，则应修建能对水进行过滤的滤井；在修建供水系统时应考虑到饮用水的消毒方式，最好建筑水塔或蓄水池。

1. 一次投入法

在蓄水池或水塔内放满水，根据其容积和消毒剂稀释要求，计算出需要的化学消毒剂量，在进行饮用水前，投入到蓄水池或水塔内拌匀，让家畜饮用。一次投入法需要在每次饮完蓄水池或水塔中的水后再加水，加水后再添加消毒剂，需要频繁在蓄水池或水塔中加水加药，十分麻烦。适用于需水量不大的小规模养殖场和有较大的蓄水池或水塔的养殖场。

2. 持续消毒法

养殖场多采用持续供水，一次性向池中加入消毒剂，仅可维持较短的时间，频繁加药比较麻烦，为此可在储水池中应用持续氯消毒法，可一次投药后保持 7 ~ 15d 对水的有效消毒。方法是将消毒剂用塑料袋或塑料桶等容器装好，装入的量为用于消毒 1d 饮用水的消毒剂的量的 20 倍或 30 倍，将其拌成糊状，视用水量的大小在塑料袋（桶）上打 0.2 ~ 0.4mm 的小孔若干个，将塑料袋（桶）悬挂在供水系统的入水口内，在水流的作用下消毒剂缓慢地从袋中释出。由于此种方法控制水中消毒剂浓度完全靠塑料袋上孔的直径大小和数目多少，因此一般应在第 1 次使用时进行试验。为了确保在 7 ~ 15d 内袋中的消毒剂应完全被释放，有可能时需测定水中的余氯量，必要时也可测定消毒后水中细菌总数来确定消毒效果。

（四）饮水消毒的注意事项

1. 选用安全有效的消毒剂

饮水消毒的目的虽然不是为了给畜禽饮消毒液，但归根结底毒液会被畜禽摄入体内，而且是持续饮用。因此，对所使用的消毒剂，要认真地进行选择，以避免给畜禽带来危害。

2. 正确掌握浓度

进行饮水消毒时，要正确掌握用药浓度，并不是浓度越高越好。既要注意浓度，又要考虑副作用的危害。

3. 检查饮水量

饮水中的药量过多，会给饮水带来异味，引起畜禽的饮水量变少。应经常检查饮水的流量和畜禽的饮用量，如果饮水不足，特别是夏季，将会引起生产性能的下降。

4. 避免破坏免疫作用

在饮水中投放疫苗或气雾免疫前后各 2d，共计 5 日内，必须停止饮水消毒。同时，要把饮水用具洗净，避免消毒剂破坏疫苗的免疫作用。

四、供水系统的清洗消毒

供水系统应定期冲洗（通常每周 1 ~ 2 次），可防止水管中沉积物的积聚。在集约化养鸡场实行"全进全出制"时，于新鸡群入舍之前，在进行鸡舍清洁的同时，也应对供水系统进行冲洗。通常可先采用高压水冲洗供水管道内腔，而后加入清洁剂，经约1h后，排出药液，再以清水冲洗。清洁剂通常分为酸性清洁剂和碱性清洁剂两类，使用清洁剂可除去供水管道中沉积的水垢、锈迹、水藻等，清洁剂还可与水中的钙或镁相结合。此外，在采用经水投药防治疾病时，于经水投药之前2d和用药之后2d，也应使用清洁剂来清洗供水系统。

洪水期或不安全的情况下，井水用漂白粉消毒。使用饮水槽的养殖场最好每隔4h换1次饮水，保持饮水清洁，饮水槽和饮水器要定期清理消毒。

第四节　带畜（体）消毒

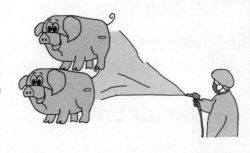

饲养畜禽的过程中，畜舍内和畜禽的体表存在大量的病原微生物，病原微生物不断的滋生繁殖，达到一定数量，引起畜禽发生传染病。带畜（体）消毒就是对饲养着畜禽的舍内一切物品及畜禽体、空间用一定浓度的消毒液进行喷洒或熏蒸消毒，以清除畜禽舍内的多种病原微生物，阻止其在舍内积累。带畜（体）消毒是现代集约化饲养条件下综合防疫的重要组成部分，是控制畜禽舍内环境污染和疫病传播的有效手段之一。实践证明，坚持每日或隔日对畜禽群进行喷雾消毒，可以大大减少疫病的发生。

一、带畜（体）消毒的作用

1）杀灭病原微生物　病原微生物能通过空气、饲料、饮水、用具或人体等进入畜禽舍。通过带畜（体）消毒，可以彻底全面地杀灭环境中的病原微生物，并能杀灭畜禽体表的病原微生物，避免病原微生物在舍内积累而导致传染病的发生。

2）净化空气　带畜（体）消毒，能够有效地降低畜禽舍空气中飘浮的尘埃和尘埃上携带的微生物，使舍内空气达到净化，减少畜禽呼吸道疾病的发生，确保畜禽群健康。

3）防暑降温　在夏季每天进行喷雾消毒，不仅能够减少畜舍内病原微生物含量，而且可以降低舍内温度，缓解热应激，减少死亡率。

二、带畜（体）消毒药的选用

（一）选用原则

1. 有广谱的杀菌能力

畜禽舍内细菌种类多，选择的消毒药物应具有广谱的杀菌能力，不仅可以减少畜禽舍中细菌的数量，而且可以减少细菌的种类。

2. 有较强的消毒能力

所选用的消毒药能够在短时间内杀灭入侵养殖场的病原体。病原体一旦侵入动物机体，消毒药将无能为力。同时，消毒能力的强弱也体现在消毒药的穿透能力上。所以消毒药要有一定的穿透能力，这样才能真正达到杀灭病原的目的。

3. 价格要低廉，使用方便

养殖场应尽可能地选择低价高效的消毒药。消毒药的使用应尽可能方便，以降低不必要的开支。

4. 性质要稳定，便于储存

每个养殖场都储备有一定数量的消毒药，且消毒药在使用以后还要求可长时间地保持杀菌能力。这就要求消毒药本身性质稳定，在存放和使用过程中不易被氧化和分解。

5. 无腐蚀性和无毒性

目前，养殖业所使用的养殖设备大多采用金属材料制成，所以在选用消毒药时，特别要注意消毒药的腐蚀性，以免造成畜禽圈舍设备生锈。同时也应避免消毒引起的工作人员衣物蚀烂、皮肤损伤。带畜（体）消毒，舍内有畜禽存在，消毒药液要喷洒、喷雾或熏蒸；如果毒性大，可能危害畜禽。

6. 要不受有机物的影响

畜禽舍内脓汁、血液、机体的坏死组织、粪便和尿液等的存在，往往会降低消毒药物的消毒能力。所以选择消毒药时，应尽可能选择那些不受有机物影响的消毒药。

7. 要无色无味，对环境无污染

有刺激性气味的消毒药易引起畜禽的应激，有色消毒药不利于圈舍的清洁卫生。

（二）常用的带畜（体）消毒药

带畜消毒药物种类较多，以下消毒药效果良好。

1. 强力消毒灵

一种强力、速效、广谱，对人畜无害、无刺激性和腐蚀性的消毒剂。易于储运、使用方便、成本低廉、不使衣物着色是其最突出的优点。它对细菌、病毒、霉菌均有强大的杀灭作用。按比例配制的消毒液，不仅用于带畜消毒，还可进行浸泡、熏蒸消毒。带畜消毒浓度为 0.5% ~ 1%。

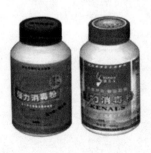

2. 百毒杀

广谱、速效、长效消毒剂，能杀死细菌、霉菌、病毒、芽孢和球虫等，效力可维持 10 ～ 14d。0.015% 百毒杀用于日常预防性带畜消毒；0.025% 百毒杀用于发病季节的带畜消毒。

3. 过氧乙酸

广谱杀菌剂，消毒效果好，能杀死细菌、病毒、芽孢和真菌。0.3% ～ 0.5% 溶液用于带畜消毒，还可用于水果、蔬菜和食品表面消毒。该品稀释后不能久储，应现配现用，以免失效。

4. 新洁尔灭

有较强的除污和消毒作用，可在几分钟内杀死多数细菌。0.1% 新洁尔灭溶液用于带体消毒，使用时应避免与阳离子活性剂（如肥皂等）混合，否则会降低效果。

5. 二氧化氯（ClO_2）

具有极强的氧化力，能通过氧化分解微生物蛋白质中的氨基酸而将其杀灭。因为 ClO_2 不仅杀菌力强，而且在完成其氧化分解过程后的生成物是水、氯化钠、微量 CO_2 和有机物，因而无致癌物质。

其他消毒药还有益康、爱迪伏、百菌毒净、1210、惠昌消毒液、抗毒威等。

（三）带畜（体）消毒的方法

1. 喷雾法或喷洒法

消毒器械一般选用高压动力喷雾器或背负式手摇喷雾器。将喷头高举空中，喷嘴向上以画圆方式先内后外逐步喷洒，使药液如雾一样缓慢下落。要喷到墙壁、屋顶、地面，以均匀湿润和畜禽体表稍湿为宜，不得直喷畜禽体。喷出的雾粒直径应控制在 $80 \sim 120 \mu m$，不要小于 $50 \mu m$。雾粒过大易造成喷雾不均匀和畜禽舍太潮湿，且在空中下降速度太快，与空气中的病原微生物、尘埃接触不充分，起不到消毒的作用；雾粒太小则易被畜禽吸入肺泡，引起肺水肿，甚至引发呼吸道疾病。同时必须与通风换气措施配合起来。喷雾量应根据畜禽舍的构造、地面状况、气象条件适当增减，一般按 $50 \sim 80 mL/m^3$ 计算。

2. 熏蒸法

对化学药物进行加热使其产生气体，达到消毒的目的。常用的药物有食醋或过氧乙酸。每立方米空间使用 $5 \sim 10 mL$ 的食醋，加 $1 \sim 2$ 倍的水稀释后加热蒸发；$30\% \sim 40\%$ 的过氧乙酸，每立方米用 $1 \sim 3g$，稀释成 $3\% \sim 5\%$ 溶液，加热熏蒸，室内相对湿度要在 $60\% \sim 80\%$。若达不到此数值，可采用喷热水的办法增加湿度，密闭门窗，熏蒸 $1 \sim 2h$，打开门窗通风。

（四）带畜（体）消毒的注意事项

1. 消毒前进行清洁

带畜（体）消毒的着眼点不应限于畜禽体表，而应包括整个畜禽所在的空间和环境，否则就不能全面杀灭病原微生物。先对消毒的畜禽舍环境进行彻底的清洁，如清扫地面、墙壁和天花板上的污染物，清理设备用具上的污垢，清除光照系统（电源线、光源及罩）、通风系统上的尘埃等等，以提高消毒效果和节约药物的用量。

2. 正确配制及使用消毒药

带畜（体）消毒过程中，根据畜禽群体状况、消毒时间、喷雾量及方法等，正确配制和使用药物。注意不要随意增高或降低药物浓度，有的消毒药要现配现用，有的可以放置一段时间，按消毒药的说明要求进行，一般配好消毒药不要放置太长时间再使用。如过氧乙酸是一种消毒作用较好、价廉、易得的消毒药。按正规包装应将30%过氧化氢及16%醋酸分开包装（称为二元包装或A、B液，用之前将两者等量混合），放置10h后即可配成0.3%～0.5%的消毒液，A、B液混合后在10d内效力不会降低，但60d后消毒力下降30%以上，存放时间越长越易失效；选择带畜（体）消毒药时，不要随心所欲，要有针对性选择。不要随意将几种不同的消毒药混合使用，否则会导致药效降低，甚至药物失效。选择3～5种不同的消毒剂交替使用，因为不同消毒剂的抑杀病原微生物的范围不同，交替使用可以相互补充，杀死各种病原微生物。

3. 注意稀释用水

配制消毒药液应选择杂质较少的深井水或自来水，寒冷季节水温要高一些，以防水分蒸发引起家禽受凉而患病；炎热季节水温要低一些，并选在气温最高时进行，以便消毒的同时起到防暑降温的作用。喷雾用药物的浓度要均匀，必须由兽医按说明规定配制，对不易溶于水的药应充分搅拌使其溶解。

4. 免疫接种时慎用带畜（体）消毒

消毒药可以降低疫苗效价。在饮水、气雾和滴鼻点眼免疫时，前后各2d内不要进行带畜（禽）消毒，避免降低免疫效果。

第五节　污水与粪便的处理消毒

一、污水的消毒

被病原体污染的污水，可用沉淀法、过滤法、化学药品处理法等进行消毒。比较实用的是化学药品消毒法。方法是先将污水处理池的出水管用一木闸门关闭，将污水引入污水池后，加入化学药品（如漂白粉或生石灰）进行消毒。消毒药的用量视污水量而定（一般 1L 污水用 2 ~ 5g 漂白粉）。消毒后，将闸门打开，使污水流出。

二、粪便的消毒处理

（一）焚烧法

此种方法是消灭一切病原微生物最有效的方法，故用于消毒一些危险的传染病（如炭疽、马脑脊髓炎、牛瘟、禽流感等）病畜的粪便。焚烧的方法是在地上挖一个壕，深 75cm，宽 75 ~ 100cm。在距壕底 40 ~ 50cm 处加一层铁梁（要较密些，否则粪便容易落下），在铁梁下面放置木材等燃料，在铁梁上放置欲消毒的粪便（见右图），如果粪便太湿，可混合一些干草，以便迅速烧毁。

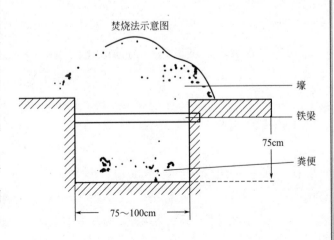

焚烧法示意图

这种方法会损失有用的肥料，并且需要用很多燃料，故很少使用。

（二）化学药品消毒法

消毒粪便用的化学药品是含有 2% ~ 5% 的有效氯的漂白粉溶液、20% 石灰乳，但是这种方法既麻烦，又难达到消毒的目的，故实践中不常用。

（三）掩埋法

将污染的粪便与漂白粉或新鲜的生石灰混合，然后深埋于地下，埋的深度应达 2m 左右，这种方法简便易行，在目前条件下实用。但病原微生物经地下水散布以及损失肥料是其缺点。

（四）生物热消毒法

这是一种最常用的粪便消毒法，应用这种方法，能使被非芽孢病原微生物污染的粪便变为无害，且不丧失肥料的应用价值。粪便的生物热消毒通常有发酵池法和堆粪法两种。

1. 发酵池法

此法适用于大量饲养畜禽的农牧场，多用于稀薄粪便（如牛、猪粪）的发酵。设备为距农场 200 ~ 250m 以外无居民、河流、水井的地方挖 2 个或 2 个以上的发酵池（池的数量和大小取决于每天运出的粪便数量）。池可筑成方形或圆形，池的边缘与池底用砖砌后再抹以水泥，使其不透水。如果土质干枯、地下水位低，可以不用砖和水泥。使用时先在池底倒一层干粪，然后将每天清除出的粪便垫草等倒入池内，直到快满时，在粪便表面铺一层干粪或杂草，上面盖一层泥土封好。如条件许可，可用木板盖上，以利于发酵和保持卫生。粪便经上述方法处理后，经过 1 ~ 3 个月即可掏出作为肥料。在此期间，每天所积的粪便可倒入另外的发酵池，如此轮换使用。

2. 堆粪法

此法适用于干固粪便（如马、羊、鸡粪等）的处理。在距农牧场 100～200m 或以外的地方设一个堆粪场。堆粪的方法如下：在地面挖一浅沟，深约 20cm，宽 1.5m，长度不限，随粪便多少确定。先将非传染性的粪便或垫草等堆至厚 25cm，其上堆放欲消毒的粪便、垫草等，高达 1.5～2m，然后在粪堆外再铺上厚 10cm 的非传染性的粪便或垫草，并覆盖厚 10cm 的沙子或土，如此堆放 3 周至 3 个月，即可用于肥田，如下图。当粪便较稀时，应加些杂草，太干时倒入稀粪或加水，使其不稀不干，以促进迅速发酵。通常处理牛粪时，因牛粪比较稀不易发酵，可以掺马粪或干草，其比例为 4 份牛粪加 1 份马粪或干草。

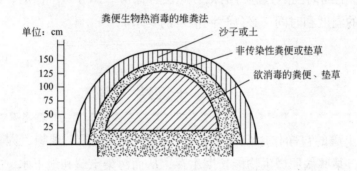

粪便生物热消毒的堆粪法

第六节 畜禽尸体的消毒处理

畜禽的尸体含有较多的病原微生物，也容易分解腐败，散发恶臭，污染环境。特别是发生传染病的病死畜禽的尸体，处理不善，其病原微生物会污染大气、水源和土壤，造成疾病的传播与蔓延。因此，必须及时地无害化处理病死畜禽尸体，坚决不能图私利而出售。

一、焚烧法

焚烧也是一种较完善的方法，但由于不能利用产品，且成本高，故不常用。但对一些严重危害人、畜健康的传染病病畜的尸体，仍有必要采用此法。焚烧时，先在地上挖一十字形沟（沟长约2.6m，宽0.6m，深0.5m），在沟的底部放木柴和干草作引火用，于十字沟交叉处铺上横木，其上放置畜尸，畜尸四周用木柴围上，然后洒上煤油焚烧，尸体烧成黑炭为止；或用专门的焚烧炉焚烧。

二、高温处理法

此法是将畜禽尸体放入特制的高温锅（温度达150℃）内或有盖的大锅，经100℃以上的高温熬煮进行消毒。此法可保留一部分有价值的产品。但要注意熬煮的温度和时间，必须达到消毒的要求。

三、土埋法

利用土壤的自净作用使其无害化。此法虽简单但不理想，因其无害化过程缓慢，某些病原微生物能长期生存，从而污染土壤和地下水，并会造成二次污染，所以不是最彻底的无害化处理方法。采用土埋法，必须遵守卫生要求，埋尸坑远离畜舍、放牧地、居民点和水源，地势高燥，尸体掩埋深度不小于2m。掩埋前在坑底铺上2～5cm厚的石灰，尸体投入后，再撒上石灰或洒上消毒药剂，埋尸坑四周最好设栅栏并做上标记。

四、发酵法

将尸体抛入尸坑内，利用生物热的方法进行发酵，从而起到消毒灭菌的作用。尸坑一般为井式，深达9～10m，直径2～3m，坑口有一个木盖，坑口高出地面30cm左右。将尸体投入坑内，堆到距坑口1.5m处，盖封木盖，经3～5个月发酵处理后，尸体即可完全腐败分解。

在处理畜尸时，不论采用哪种方法，都必须将病畜的排泄物、各种废弃物等一并进行处理，以免造成环境污染。

第七节　兽医器械及用品的消毒

兽医诊疗室是养殖场的一个重要场所，在此进行疾病的诊断、病畜的处理等。兽医诊疗室的消毒包括诊疗室的消毒和医疗器具消毒两个方面。兽医诊疗室的消毒包括诊断室、注射室、手术室、处置室和治疗室的消毒以及兽医人员的消毒，其消毒必须是经常性的和常规性的，如诊室内空气消毒和空气净化可以采用过滤、紫外灯照射(诊室内安装紫外灯，每立方米 2 ~ 3W)、熏蒸等方法；诊室内的地面、墙壁、棚顶可用 0.3% ~ 0.5% 的过氧乙酸溶液或 5% 的氢氧化钠溶液喷洒消毒；兽医诊疗室的废弃物和污水也要处理消毒，废弃物和污水数量少时，可与粪便一起堆积，生物发酵消毒处理；如果量大时，使用化学消毒剂（如 15% ~ 20% 的漂白粉搅拌，作用 3 ~ 5h 消毒处理）消毒。

兽医诊疗器械及用品是直接与畜禽接触的物品。用前和用后都必须按要求进行严格的消毒。根据器械及用品的种类和使用范围不同，其消毒方法和要求也不一样。一般对进入畜禽体内或与黏膜接触的诊疗器械，如手术器械、注射器及针头、胃导管、导尿管等，必须经过严格的消毒灭菌；对不进入动物组织内也不与黏膜接触的器具，一般要求去除细菌的繁殖体及亲脂类病毒。各种诊疗器械及用品的消毒方法见下表。

各种诊疗器械及用品的消毒方法

类别	消毒对象	消毒药物与方法步骤	备注
玻璃器材	体温计	先用 0.5% 过氧乙酸溶液浸泡 5min，然后放入 1% 过氧乙酸溶液中浸泡 30min	
玻璃器材	注射器	0.2% 过氧乙酸溶液浸泡 30min，清洗，煮沸或高压蒸汽灭菌	① 针头用肥皂水煮沸消毒 15min 后，洗净，消毒后备用； ② 煮沸时间从水沸腾时算起，消毒物应全部浸入水
	各种玻璃接管	① 将各种接管分类浸入 0.2% 过氧乙酸溶液中，浸泡 30min 后用清水冲净； ② 接管用肥皂水刷洗，清水冲净，烘干后分类高压灭菌	
搪瓷类	药杯、换药碗	① 将药杯用清水冲净残留药液，然后浸泡在 1∶1000 新洁尔灭溶液中 1h； ② 将换药碗用肥皂水煮沸消毒 15min； ③ 将药杯与换药碗分别用清水刷洗冲净后，煮沸消毒 15min 或高压灭菌（如药杯系玻璃类或塑料类，可用 0.2% 过氧乙酸浸泡 2 次，每次 30min 后清洗烘干）	① 药杯与换药碗不能放在同一容器内煮沸或浸泡； ② 若用后的药碗染有各种药液颜色，应煮沸消毒后用去污粉擦净、清洗，揩干后再浸泡； ③ 冲洗药杯内残留药液下来的水须经处理后再弃去
	托盘、方盘、弯盘	① 将其分别浸泡在 1% 漂白粉清液中 1h； ② 再用肥皂水刷洗、清水冲净后备用	漂白粉清液每 2 周更换 1 次，夏季每周更换 1 次
	污物敷料桶	① 将桶内污物倒出后，用 0.2% 过氧乙酸溶液喷雾消毒，放置 30min； ② 用碱水或肥皂水将桶刷洗干净，用清水洗净后备用	① 污物敷料桶每周消毒 1 次； ② 内倒出的污物、敷料须消毒处理后回收或焚烧处理
器械类	污染的镊子、止血钳等金属器材	放入 1% 肥皂水中煮沸消毒 15min，用清水将其冲净后，再煮沸 15min 或高压灭菌后备用	① 被脓、血污染的镊子、钳子或锐利器械应先用清水刷洗干净，再进行消毒； ② 洗刷下的脓、血水按每 1000mL 加入过氧乙酸原液 10mL 计算（即 1% 浓度）消毒 30min 后，才能弃掉； ③ 器械使用前，应用灭菌 0.85% 生理盐水淋洗

类别	消毒对象	消毒药物与方法步骤	备注
器械类	锋利器械	浸泡在1∶1000新洁尔灭溶液中1h，再用肥皂水刷洗，清水冲净，揩干后浸泡于1∶1000新洁尔灭溶液的消毒盒中备用	① 被脓、血污染的镊子、钳子或锐利器械应先用清水刷洗干净，再进行消毒； ② 洗刷下的脓、血水按每1000mL加入过氧乙酸原液10mL计算（即1%浓度），消毒30min后，才能弃掉； ③ 器械使用前，应用灭菌0.85%生理盐水淋洗
	开口器	① 将开口器浸入1%过氧乙酸溶液中，30min后用清水冲洗； ② 用肥皂水刷洗，清水冲净，揩干后，煮沸15min或高压灭菌后使用	应全部浸入消毒液中
橡胶类	硅胶管	① 将硅胶管拆去针头，浸泡在0.2%过氧乙酸溶液中，30min后用清水冲净； ② 用肥皂水冲洗管腔后，用清水冲洗，揩干	拆下的针头按注射器针头消毒处理
	手套	① 将手套浸泡在0.2%过氧乙酸溶液中，30min后用清水冲洗； ② 将手套用肥皂水清洗，清水漂净后晾干	手套应浸没于过氧乙酸溶液中，不能浮于药液表面
	橡皮管	① 用浸有0.2%过氧乙酸的抹布擦洗物件表面； ② 用肥皂水将其刷洗、清水冲净后备用	
	导尿管、肛管、胃导管等	① 物件分类浸入1%过氧乙酸溶液中，浸泡30min后用清水冲洗； ② 将上述物品用肥皂水刷洗、清水冲净后，分类煮沸15min或高压灭菌后备用	物件上的胶布痕迹可用乙醚或乙醇擦除
工作服及其他物品	手术衣、帽、口罩	① 将其分别浸泡在0.2%过氧乙酸溶液中30min，用清水冲洗； ② 皂水搓洗，清水洗净晒干，高压灭菌备用	口罩应与其他物品分开洗涤
	创巾、敷料等	① 污染血液的，先放在冷水或5%氨水内浸泡数小时，然后在肥皂水中搓洗，最后用清水漂净； ② 污染醮酊的，用2%硫代硫酸钠溶液浸泡1h，清水漂洗、拧干，浸于0.5%氨水中，再用清水漂净；	被传染性物质污染时，应先消毒后洗涤，再灭菌

类别	消毒对象	消毒药物与方法步骤	备注
工作服及其他物品	创巾、敷料等	③ 经清洗后的创巾、敷料分包，高压灭菌备用	被传染性物质污染时，应先消毒后洗涤，再灭菌
工作服及其他物品	运料运草推车或其他工具车	① 每月定期用去污粉或肥皂粉将推车擦洗干净； ② 污染的工具车类，应及时用浸有 0.2% 过氧乙酸的抹布擦洗，30min 后再用清水冲净	推车等工具类应经常保持整洁、清洁，与污染的车辆应互相分开

第八节　发生传染病后的消毒

　　发生传染病后，养殖场病原体数量大幅增加，疫病传播流行会更加迅速，为了控制疫病传播流行及危害，需要更加严格的消毒。

　　疫情活动期间消毒是以消灭病畜所散布的病原体为目的而进行的消毒。病畜禽所在的畜禽舍、隔离场地、排泄物、分泌物及被病原微生物污染和可能被污染的一切场所、用具和物品等都是消毒的重点。在实施消毒过程中，应根据传染病病原体的种类和传播途径的区别，抓住重点，以保证消毒的实际效果。如肠道传染病消毒的重点是畜禽排出的粪便以及被污染的物品、场所等；呼吸道传染病则主要是消毒空气、分泌物及污染的物品等。

一、一般消毒程序

① 5% 的氢氧化钠溶液或 10% 的石灰乳溶液对养殖场的道路、畜舍周围喷洒消毒，每天一次。

② 15% 漂白粉溶液、5% 的氢氧化钠溶液等喷洒畜舍地面、畜栏，每天一次。带畜（禽）消毒，用 1 : 400 的益康溶液、0.3% 农家福、0.5% ～ 1% 的过氧乙酸溶液喷雾，每天一次。

③ 粪便、粪池、垫草及其他污物化学或生物热消毒。

④ 出入人员脚踏用消毒液消毒或紫外线照射消毒。消毒池内放入 5% 氢氧化钠溶液，每周更换 1 ～ 2 次。

⑤ 其他用具、设备、车辆用 15% 漂白粉溶液、5% 的氢氧化钠溶液等喷洒消毒。

⑥ 疫情结束后，进行全面的消毒 1 ～ 2 次。

二、发生 A 类传染病后的消毒措施

A 类动物传染病为严重的烈性传染病，这些病传播迅速，常超越国界，可引起严重的经济问题或公共卫生问题，对畜禽及其产品的国际贸易有重要影响。按规定须在发病确诊后 24h 内向国际兽疫局申报疫情，要求全力组织扑灭，以免扩大传播。这 16 种动物传染病包括：口蹄疫、牛瘟、小反刍兽瘟（羊瘟）、水疱性口炎、牛肺疫、结节性皮病、裂谷热、蓝舌病、羊痘、非洲马瘟、非洲猪瘟、猪瘟、猪水疱病、猪传染性脑脊髓炎、鸡瘟（禽流感）和新城疫。

（一）污染物处理

对所有病死畜禽、被扑杀畜禽及畜禽产品（包括肉、蛋、羽、绒、内脏、骨、血等）按照相关规定执行；对于畜禽排泄物和被污染或可能被污染的垫料、饲料等物品均须进行无害化处理。

被扑杀的畜禽体内含有高致病性病毒，如果不将这些病原体根除，让病畜禽扩散流入市场，势必造成高致病性、恶性病毒的传播扩散，同时可能危害消费者的健康。为了保证消费者的身体健康和使疫病得到有效控制，必须对扑杀的畜禽做焚烧深埋后的无害化处理。畜禽尸体需要运送时，应使用防漏容器，须有明显标志，并在动物防疫监督机构的监督下实施。

（二）消毒

1. 动物疫情发生时的消毒

各级疾病控制机构应该配合农业部门开展工作，指导现场消毒，进行消毒效果评价。

① 对死畜禽和宰杀的畜禽、畜禽舍、畜禽粪便进行终末消毒。对发病的养殖场或所有病畜停留或经过的圈舍用20%的漂白粉溶液（溶液含有效氯5%以上，每平方米1000g）或10%火碱溶液或5%甲醛溶液等进行全面消毒。所有的粪便和污物清理干净并焚烧。器械、用具等可用5%火碱或5%甲醛溶液浸泡。

② 对划定的动物疫区内与畜禽类密切接触者，在停止接触后应对其及其衣物进行消毒。

③ 对划定的动物疫区内的饮用水应进行消毒处理，对流动水体和较大水体等消毒较困难者可以不消毒，但应严格进行管理。

④ 对划定的动物疫区内可能被污染的物体表面在出封锁线时进行消毒。

⑤ 必要时对畜禽舍的空气进行消毒。

2. 家畜疫病病原体感染人情况下的消毒

有些家畜疫病可以感染人并引起人的发病，如近年来禽流感在人群中的发生。当发生人禽流感疫情时，各级疾病控制中心除应协助农业部门针对动物禽流感疫情开展消毒工作、进行消毒效果评价外，还应对疫点和病人或疑似病人污染的区域进行消毒处理。

① 加强对人禽流感疫点、疫区现场消毒的指导，进行消毒效果评价。

② 对病人的排泄物、病人发病时生活和工作过的场所、病人接触过的物品及可能被污染的其他物品进行消毒。

③ 对病人诊疗过程中可能的污染，既要按肠道传染病又要按呼吸道传染病的要求进行消毒。

第五章
养猪场消毒技术

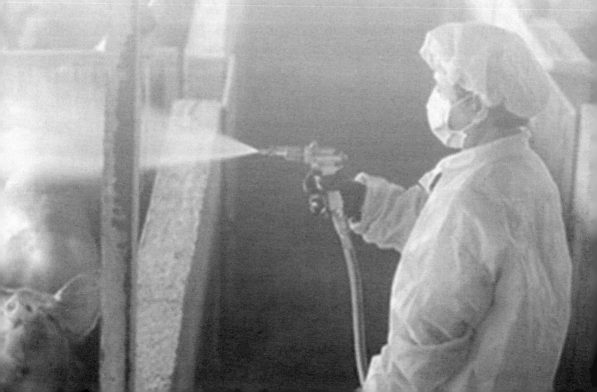

第一节　养猪业消毒进展简述

随着集约化、规模化养猪的发展，由于猪场猪群饲养密度大、圈舍的利用率高等因素，其周围环境长期受到各种病原体的严重污染，猪的各种疾病尤其是传染病、寄生虫病的发生也越来越频繁和复杂，对养猪生产形成很大的威胁。因此，采取强化防疫消毒措施，及时杀灭各种病原体，切断传播途径，预防和控制疫病流行，是保障猪群安全、健康的必要手段，也是预防疾病的首要措施。

20世纪90年代以后，我国的养猪业已从小规模、分散型饲养进入到大规模、集约化、工厂化养殖，在猪的传染病控制与预防过程中，消毒这一环节在整个防疫体系当中显得尤为重要，它对传染病流行中的两个重要环节即传染源和传播途径有消灭与切断作用。近年来，养猪业中的消毒工作出现了以下一些变化与趋势。

一、消毒方式的变化

由于工厂化生产方式的形成，很多养猪场不能够全进全出，尤其是大规模的养猪场，采用传统的消毒方式已不能够满足生产的需求，大面积的养猪场消毒一般都采用喷雾的方式，同时采用带畜消毒，使消毒更加及时，减少一些不必要的环节。为了减少消毒对猪群的应激反应，具有条件的养猪场，大部分采取全场全进全出或部分猪舍全进全出的饲养方式，然后进行全面的消毒，保证取得较好的消毒效果。

二、消毒药的变化

由于对动物性食品安全的要求越来越高，消毒药的使用方面也要求向低毒、低残留或无毒的方向发展。消毒药也由成分单一型向复合型发展，适用范围越来越广，对病原体的杀灭作用也向广谱、高效发展。

三、消毒对象的多元化与复杂化

由于污染的日趋严重，病原微生物的种类越来越多，以前致病力很弱的致病因子对养猪生产的危害也日趋严重。各种致病的生物因子因为受到外界环境的压力而产生了很大的变异，加之混合感染的日趋严重，所以，对消毒药物的选择及采取不同的消毒方式是保证取得良好消毒效果的前提和必要措施。根据不同对象采用不同的消毒药和消毒方法是十分必要的。

在发生传染病的重点地区，应选择合适的消毒方法，加大消毒剂量和消毒频次，以提高消毒质量和效率。

四、消毒程序的规范化

消毒程序正确与否直接影响消毒效果，合理的消毒程序是整个消毒环节当中的重要内容，可以保证消毒药作用的发挥。

目前，制订规范化的消毒程序是每个猪场消毒内容的重要组成部分，同时使消毒程序化和制度化。在生产过程中，控制饲养环境本身的污染及对外界环境的污染是养猪生产企业防疫程序的重要组成部分和必须履行的职责。

五、重视消毒工作

消毒可以消灭传染源，切断传播途径。消毒在整个疫病的控制方面有着不可替代的作用。所以，越来越多的养殖场对消毒也越来越重视。同时在实际生产当中，对消毒环节重视程度的高低，直接影响到整个猪群疫病的控制效果。重视程度越高，采用的方法越科学，程序越合理，疫病的控制效果越好；反之则效果越差。目前，人们越来越重视对猪场环境的消毒。需要指出的是，消毒不是万能的，完整的防疫措施，必须配合卫生管理、免疫及药物防治，才能控制疾病发生。

第二节 对环境、栏圈的消毒措施

一、新建猪场的必备条件及其环境消毒

（一）必备条件

1. 选址与建场条件

场址根据当地常年主导风向，位于居民区及公共建筑群的下风向处。场址地势高燥、平坦，在丘陵山区建场应尽量选择阳坡，坡度不得超过20°。有便利的交通条件，猪场水源充足、取用方便，便于防护。场界距离交通干线不少于500m，距居住区和其他畜牧场不少于100m。

2. 场区规划

猪场建筑设施应按管理区、生产区和隔离区3个功能区布置，各功能区界限分明，联系方便。管理区应位于生产区常年主导风向的上风向及地势较高处，隔离区应位于生产区常年主导风向的下风向及地势较低处。管理区包括工作人员的生活设施、猪场办公设施、与外界接触密切的生产辅助设施（饲料库、车库等）；生产区主要包括保育舍、育成舍、育肥猪舍及有关生产辅助设施；隔离区包括兽医室，隔离舍，病猪焚烧处理、粪便污水处理设施。各个功能区之间的间距不少于50m，并有防疫隔离带或墙。

3. 道路设置

猪场与外界应有专用道路相连通。场内道路分清净道与污染道，两者严格分开，不得交叉、混用。

4. 猪舍方位

猪舍朝向和间距必须满足日照、通风、防火和防疫等的要求，猪舍长轴朝向以南向或南偏15°以内为宜。相邻猪舍纵墙间距不少于7~10m，相邻猪舍端墙间距不少于10m，猪舍距围墙不少于10m。

5. 猪舍内平面布置

猪栏应沿猪舍长轴方向呈单列或多列布置。猪舍两端和中间应设置横向通道。

6. 猪舍地面

猪舍内应采用硬化地面，地面应向粪尿沟处呈1°~3°的倾斜，地面结实，易于冲洗，能耐受各种形式的消毒。

（二）环境消毒

新建猪场环境比较清洁，但由于自然环境中存在各种微生物，而且良好的消毒对以后猪场的卫生防疫十分重要。新建猪场一定要保证各种病原体减少到最小程度，以保证引猪后猪群具有良好的健康状态。

1. 对猪舍和地面消毒

首先应进行清扫，清扫的垃圾应堆肥发酵或集中焚烧。对地面、墙壁、门窗、食槽、用具等，可用消毒药喷洒或洗刷，常用的消毒药液有3%~5%煤酚皂液、10%~20%漂白粉乳液、2%~5%烧碱溶液、10%草木灰水、0.05%~0.5%过氧乙酸等，可根据实际情况选用。为了杀灭细菌芽孢，可考虑用过氧乙酸、烧碱或漂白粉。消毒一定时间后，应打开门窗通风，对用具应用清水冲洗，除去消毒药的气味。然后空圈舍7d以上，才能够进猪。

2. 对房屋和仓库、厩舍进行熏蒸消毒

每立方米空间需用15~30mL福尔马林，加等量的水加热蒸发或加高锰

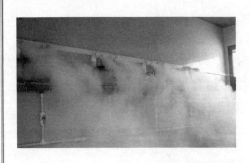

酸钾氧化蒸发。高锰酸钾与福尔马林的用量比例是 1 ： 2，如每立方米空间用高锰酸钾 16g、福尔马林 32mL、水 16mL，放在瓷质器皿中混合即会产生蒸汽进行消毒。消毒时间为 10 ~ 12h，消毒结束后打开门窗通风。

（三）必备的消毒设施

猪场消毒室内设置紫外灯，人员进场前应消毒 5 ~ 10min。每栋猪舍入口处设置小的消毒池，加入 5% 氢氧化钠溶液。每 7d 更换 1 次消毒液。应必备干热灭菌和高压灭菌设备，同时应配备火焰消毒灭菌喷灯。此外，还应配备高压喷雾灭菌设备及高压喷枪等。

二、健康猪场环境消毒

预防性消毒是在疫情静止期，为防止疫病发生，确保养猪安全所进行的消毒。现代化猪场一般采用每月 1 次全场彻底大消毒，每周 1 次环境、栏圈消毒。

（一）圈舍地面消毒

场地消毒根据场地被污染的情况不同，处理方式也不同。一般情况下，平时的预防消毒为经常清扫，保持场地的清洁卫生，定期用一般性的消毒药喷洒即可。对于其他被传染病污染的地方，如为水泥地，则应用消毒液仔细刷洗；若系泥地，可将地面深翻30cm 左右，按 0.5 ~ 2.5kg/m²，撒上干漂白粉，然后以水湿润、压平。

（二）圈舍的消毒

　　圈舍的消毒包括定期预防消毒和发生传染病时的临时消毒，预防消毒一般每半个月或 1 个月进行 1 次，以防止传染病的发生。临时消毒则应及时彻底。在消毒之前，先彻底清扫圈舍，若发生了人畜共患的传染病，如猪丹毒、炭疽等，应先用有效消毒药物喷洒后再打扫、清理，以免病原微生物随土飞扬，造成更大的污染。清扫时要把饲槽洗刷干净，将垫草、垃圾、剩料和粪便等清理出去，然后用消毒药进行喷雾消毒。药液的浓度根据具体情况而定。若发生了传染病，则应选择对该种传染病病原有效的消毒剂。

（三）运猪工具的消毒

　　运猪的车辆、用具等在运输前后都必须在指定地点进行消毒，以防疫病的扩散传播。对运输途中未发生传染病的车辆进行一般的粪便清除及热水洗刷即可；运输过程中发生过一般传染病或有感染一般传染病的可疑者，车厢应先清除粪便，用热水洗刷后再进行消毒；运输过程中发生恶性传染病的车厢、用具应经 2 次以上的消毒，并在每次消毒后再用热水清洗。处理程序是：先清除粪便、残渣及污物；然后用热水自车厢顶棚开始，渐及车厢内外进行各部冲洗，直至洗水不呈粪黄色为止；洗刷后进行消毒。发生过恶性传染病的车厢，应先用有效消毒药液喷洒消毒后再彻底清扫。清除污物后再用

消毒药消毒。两次消毒的间隔时间为 0.5h。最后 1 次消毒后 2 ~ 4h 热水洗刷后再行使用。没发生过传染病的车厢内的粪便，不经处理可直接做肥料；发生过一般传染病的车厢内的粪便，必须经发酵处理后再利用；发生过恶性传染病的车厢内的粪便，应集中烧毁。

三、感染场环境消毒

疫情活动期间消毒是以消灭病畜所散布的病原体为目的而进行的消毒。其消毒的重点是病猪集中点、受病原体污染点和消灭传播媒介——昆虫（虱、蝇、蚊、虻等）。消毒工作应提早进行，每 2 ~ 3d 1 次。疫情结束后，为彻底消灭病原体，要进行 1 次终末消毒。对病猪周围的一切物品、猪舍、猪体表进行重点消毒。

（一）对感染猪场环境的消毒

对感染猪场环境的消毒是整个消毒工作中的重点与难点，它是在疫病已经发生后，为了控制疫病的传播流行，尽可能地控制疫病带来的持续危害，减少损失而必须采取的措施。在传染病发生时，可以按下表的方法对环境进行彻底的消毒。

猪场环境、栏圈消毒方法

消毒对象	药物与浓度	消毒方法	药液配制
场（舍）门口	5% 氢氧化钠、0.5% 过氧乙酸	药液水深 20cm 以上，每周更换 1 次	投入消毒池内混合均匀
消毒池	5% 来苏儿等		
环境（疫情静止期）	3% 氢氧化钠、10% 石灰乳等	喷洒，每周 1 次，2h 以上	与常水配制
栏圈（疫情活动期）	15% 漂白粉、5% 氢氧化钠等	喷雾，每天 1 次，2h 以上	与常水配制
土壤、粪便、粪池、垫草及其他污物	20% 漂白粉、5% 粗制苯酚	浇淋、喷雾、堆积、泥封发酵，生物热消毒法	药物与常水配制

续表

消毒对象	药物与浓度	消毒方法	药液配制
空气	紫外线照射、甲醛溶液加 1 倍水等	煮沸蒸腾 0.5h	甲醛与等量水配制
车辆	与环境、栏圈消毒法相同		与常水配制
饮水	漂白粉（25% 有效氯）、氯胺等	1m² 水加 6 ~ 10g 漂白粉，或加 3g 氯胺，或加 2g 氯，作用 6h	
污水	漂白粉（25% 有效氯）、氯胺等		
猪舍带猪消毒	3% 来苏儿、0.3% 农家福等	喷雾，不定期	与净水配制
躯体外寄生虫	1% ~ 3% 敌百虫等	喷雾，冬季每周 1 次，连续 3 次	与净水配制
杀灭老鼠	各种灭鼠剂	于老鼠出入处每月投放 1 次	以玉米粒等为载体
杀灭有害昆虫	95% 敌百虫粉	7.5L 药液喷洒 75m²，或设毒蚊缸，每周加药 1 次	药 15g 加水 7.5L

（二）圈舍消毒注意事项

圈舍消毒的注意事项有：①消毒药单独使用，不宜混合；②冬季用温水（20℃）配制消毒药液；③环境、栏圈每平方米用 1L 消毒药液。④污水消毒时，视水污染程度、活性氯用量可酌情增减。⑤带猪消毒选用对猪皮肤、黏膜无刺激或刺激较弱的药物。

（三）根据污染情况，采取不同的消毒药物

猪的几种主要疫病的消毒措施见下表。对尚未确诊的传染病，最好采取广谱的消毒药物，同时对圈舍等采用全进全出的饲养管理方式；如不能做到，可采取小范围的全进全出，然后清扫、冲洗，地面及墙壁用 5% 火碱处理，2 ~ 3d 后，用水冲洗干净，晾干。

猪的几种主要疫病的消毒措施

疫病名称	药物与浓度	消毒方法	备注
口蹄疫	5% 氢氧化钠、4% 碳酸氢钠等	喷雾，每 3d 1 次	热消毒液效果更好
猪瘟	5% 氢氧化钠、5% 漂白粉等	喷雾，每 5～7d 1 次	
乙型脑炎	5% 石炭酸、3% 来苏儿等	喷雾，每 5～7d 1 次	每天用敌百虫毒杀蚊虫
猪流感	3% 氢氧化钠、5% 漂白粉等	喷雾，每 5～7d 1 次	
伪狂犬病	3% 氢氧化钠、生石灰等	喷雾，铺撒，每 7d 1 次	
猪传染性胃肠炎、猪流行性腹泻	0.5% 过氧乙酸、含氯消毒药等	喷雾，每 7d 1 次	
大肠杆菌病（黄白痢）	2% 氢氧化钠、4% 甲醛等	喷雾，先用氢氧化钠，再用甲醛消毒，间隔 10h	
猪蓝耳病	3% 氢氧化钠、5% 漂白粉等	喷雾，每 3d 1 次	
猪细小病毒病	2% 氢氧化钠、3% 来苏儿等	喷雾，每 5～7d 1 次	
胸膜肺炎	3% 氢氧化钠、5% 漂白粉等	喷雾，每 5～7d 1 次	
萎缩性鼻炎	3% 氢氧化钠、生石灰等	喷雾，铺撒，每 7d 1 次	
蛔虫病	5% 热碱水、生石灰等	刷洗、铺撒，每 10d 1 次	
球虫病	5% 热碱水、生石灰等	每 7d 消毒 1 次	

四、饮水的消毒

为保证猪场的饮水达到饮用水的标准，可以使用氯制剂，如漂白粉（含25% 有效氯）、氯胺等，1m³ 水加 6～10g 漂白粉，1L 水加 3g 氯胺，1L 水中加 2g 氯，作用 6h。

五、垫料及器具的消毒

（一）猪场玻璃器皿的清洗与消毒

1. 预处理

新购入的玻璃器皿常附有游离碱质，不可直接使用，应在 1% ~ 2% 盐酸溶液中浸泡数小时，以中和其碱质，然后再用肥皂水及清水刷洗以除去残留的酸质。

使用过的玻璃器皿，若被病原微生物污染过，在洗涤前必须进行严密的消毒。其方法为：吸管、载玻片、盖玻片等可浸泡于 5% 石炭酸、2% ~ 3% 来苏儿或 0.1% 氯化汞中 48h。若其中有炭疽材料时，还应在氯化汞溶液中加入盐酸使其含量为 3%。浸泡吸管的玻璃筒底部应垫上棉花，以防投入吸管时管尖破裂。

一般玻璃器皿如试管、烧杯、烧瓶、平皿等均可放入高压消毒器内在 103.42kPa 压力下消毒 20 ~ 30min。盛有固体培养基或涂有油脂（如液体石蜡或凡士林等）的玻璃器皿应于消毒后，随即趁热将内容物倒净，用温水冲洗，再以 5% 肥皂水煮沸 5min，然后以清水反复冲洗数次，倒立使之干燥。

2. 洗涤、干燥

将预处理过的玻璃器皿浸泡于水中，用毛刷或试管刷擦上肥皂，刷去油脂和污垢，然后用自来水冲洗数次，最后用蒸馏水冲洗。经清水冲洗后，若发现玻璃器皿上还有未洗干净的油脂，可置于 1% ~ 5% 苏打溶液或 5% 肥皂水中煮沸 0.5h，再用毛刷刷去油脂和污垢，最后用清水或蒸馏水冲洗干净。

吸管不容易洗涤，洗刷时应小心。具体操作如下：吸管从消毒剂中取出后，先用细铁丝取出管口的棉塞，若棉塞太紧不易取出时，可将铁丝尖端压扁，插入棉塞与管壁之间，轻轻转动即可将棉塞拉出；然后，将吸管浸泡于 5% 热肥皂水中，缠纱布或棉花少许于细铁丝尖端上，用以刷洗管内的油脂和污垢。铁丝尖端的纱布或棉花应随时更换。经上述刷洗后，再用一根橡皮管，一端接冲洗球，一端接吸管的尖端，在流动的自来水中反复冲洗数次，最后以此法用蒸馏水冲洗数次，倒立于垫有纱布的铜丝筐、玻璃筒或干净的搪瓷盆中。洗净的玻璃器皿通常倒插于干燥架上，让其自然干燥，必要时还可放到温箱或 50℃ 左右干燥箱中，加速其干燥。温度不宜太高，以免器皿破裂。干燥后用干净的纱布或毛巾拭去干后的水迹，再做进一步的处理。

3. 包装

清洗干燥的玻璃器皿在消毒之前，须分开包装妥当，以免消毒后又被杂菌污染。

吸管的包装是先将吸管口塞入少许棉花，以防使用时将病原微生物吸入口中，同时又可滤过从口中吹出的气体。塞入棉花应松紧适宜。塞好棉花后，将吸管分别用纸包裹，再用麻纸或报纸每 10 支包成一束，包裹时吸管的口端应位于包扎纸的折叠端。包裹好后，置于金属筒中以便消毒。平皿、青霉素瓶等，用无油质的纸将其单个或数个包成一包，置于金属盒内或直接进行消毒。

一般的玻璃器皿如试管、烧杯、三角瓶等包装前应先做好大小适合的棉塞或纱布塞，将试管或三角瓶口塞好，外面再用纸张包好。烧杯也可直接用纸张包扎。制作棉塞最好选择纤维长的新棉花，不能用脱脂棉。制作时根据试管或瓶口的大小取适量棉花，分成数层，互相重叠，使其纤维纵横交错，然后折叠卷紧，做成长 4 ~ 5cm 的棉塞。棉塞做好后应慢慢旋转塞入，塞入部分和露出部分的长度大致相等，棉塞的大小、长短、深浅、松紧均须合适，勿过深过紧或太浅太松，以试管棉塞易于拔出，手提棉塞略加摇晃却不至于从管中脱落为佳。

4. 消毒

上述包装好的玻璃器皿放入干热灭菌器内干热消毒，在 160 ~ 180℃时需要 1 ~ 2h。也可采用高压消毒法，在 103.421kPa 压力下，20 ~ 30min。

用过的载玻片和盖玻片须分别浸泡于 2% 来苏儿或 5% 石炭酸溶液中消毒 48h，然后在 5% 肥皂水中煮沸 30min，再用清水冲洗干净后，拭干保存或浸于 95% 酒精中备用。

（二）猪场其他器具的消毒

高浓度高锰酸钾溶液对组织有刺激性和腐蚀性，4% 的溶液可消毒饲槽等用具。每天对所用过的料盘、料桶、水桶、饮水器等饲养器具，用 0.01% 菌毒清或百毒杀或 0.05% 强力消毒灵液洗刷干净，晾干后备用。

（三）猪场垫料的消毒

对于猪场内的垫草，可以通过阳光照射的方法进行消毒。这是一种最经济、简单的方法，将垫草等放在烈日下，曝晒 2 ~ 3h，能杀灭多种病原微生物。对于少量的垫草，可以直接用紫外灯照射 1 ~ 2h，可以杀灭大部分微生物。

第三节 猪体消毒

一、健康猪群的预防性消毒

对健康猪群的体外消毒主要采取预防性消毒。应选择对皮肤刺激小、浓度低的消毒药，如季铵盐类消毒药品、0.03% 的百毒杀等。

二、发生传染病时的猪体外消毒

发生传染病时，在对环境消毒的同时，必须对动物体进行消毒，其消毒药的选择同健康猪群的原则相同，可以选择 2～3 种可以带畜消毒的药物，如百毒杀、爱迪伏等，每 3d 消毒 1 次，每 7d 换另一种不同的消毒药，直到疫情平息，再按正常的消毒程序进行。

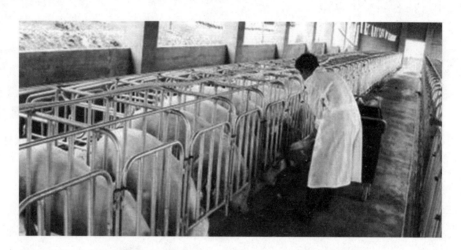

第四节　妊娠期及哺乳期母猪与仔猪的消毒保健

一、妊娠期及哺乳期母猪的消毒保健

妊娠母猪在分娩前 7d，最好用热毛巾对全身皮肤进行清洁，然后用 0.1% 高锰酸钾水擦洗全身，在临产前 3d 再消毒 1 次，重点要擦洗会阴部和乳头，保证仔猪在出生后和哺乳期间免受病原微生物的感染。

对哺乳期母猪的乳房要定期清洗和消毒，如果有腹泻等病发生，可以用带畜消毒药进行消毒，一般每隔 7d 消毒 1 次，严重发病的可按照污染猪场的状况进行消毒处理。

二、新生仔猪的消毒保健

对新生的仔猪，在分娩后用热毛巾对全身皮肤进行擦洗，同时注意舍温，然后用 0.1% 高锰酸钾水擦洗全身，再用毛巾擦干。如果有腹泻发生，在对圈舍进行带畜消毒外，注意清扫仔猪的排泄物，保持圈舍的清洁、干燥，保持舍温在 25℃ 以上。

第五节 污染场所的处理方法

对于污染场，一定要空舍，对现场进行彻底清扫，将污染物堆积到一起，进行焚烧和深埋，然后用水冲洗圈舍，再根据不同的病原特点进行消毒。目前，比较经济而又十分有效的消毒方法是用 3% 的氢氧化钠溶液喷洒地面和墙壁，对于其他设施，如果喷雾消毒不能奏效，可用熏蒸的方法进行消毒。消毒后圈舍要空舍 1 周以上。有条件的可以检查消毒效果，如果消毒效果不合乎要求，可以再进行消毒 1 次。

喷雾消毒应注意先关闭门窗，在消毒过程中应先消毒入口，然后喷洒地面。消毒要按一定顺序进行，先喷洒地面，后喷洒猪舍两边的墙，逐段进行；喷洒完后，再喷洒一遍地面，边喷边退出。喷洒消毒药时，应稍有重叠，避免场中留空隙。喷洒时应该由上而下，由左往右，不要来回上下乱喷，墙消毒完后，可把喷头朝上，向空中喷洒一遍。喷雾要求药点要细而匀，并将喷洒面全部湿润，点与点之间没有空白，药液不往下滴，一般墙面每平方米用药 150 ～ 200mL，地面 300 ～ 400mL。擦抹消毒应注意至少反复擦抹 3 次。用药应使消毒对象表面湿润而药液不滴下为好。擦抹时应从左到右，由上到下，有顺序地进行，避免遗漏。熏蒸消毒时应注意要关闭门窗，达到基本不漏气。消毒对象的表面要充分暴露。控制要求的温度、湿度和时间。用火加热时要防止火灾。

工作人员在进行消毒时，应穿上特定的工作服，戴口罩。接触污染物品后，应在工作进行完后立即洗手消毒，洗手可先用 0.2% 过氧乙酸或 2% 煤酚皂溶液浸洗 1 ～ 2min，然后用肥皂、流水清洗。

第六节　养猪场常用消毒剂及使用方法

一、碘酊

5% 碘酊用于外科手术部位、外伤及注射部位的消毒。用碘酊棉球涂抹局部。该品对外伤虽有一时的刺激性，但杀菌能力强，用后不易发炎，并对组织毒性小，穿透力强，是每个猪场和养猪专业户必备的皮肤消毒药。

二、酒精

市售酒精浓度常为 96%，用水配制为 75% 的酒精，消毒效果好。75% 酒精浸泡脱脂棉块，便制成了常用的酒精棉。该品具有溶解皮脂、清洁皮肤、杀菌快、刺激性小的特点。75% 酒精主要用于注射针头、体温计及手术器械的消毒及兽医工作人员的手和皮肤的消毒，也常用于畜禽注射部位、手术创口周围皮肤及伤口周围皮肤的消毒，是必备的消毒药。

三、龙胆紫（甲紫）

常用 1% 溶液，对组织毒性小，无刺激性，有收敛作用。常用于皮肤和黏膜感染、溃疡面及脓肿排出脓汁之后的消毒。

四、来苏儿

2% 溶液用于器械、创面、手臂等的消毒；3% ~ 5% 溶液用于猪舍地面、食槽、水槽、用具、场地等的消毒。因为毒副作用小，可以带猪消毒。

五、过氧化氢

常用 3% 溶液，该品遇有机物放出初生态氧，呈现杀菌作用。主要用于化脓创口、深部组织创伤及坏死灶等的消毒。

六、高锰酸钾

常用 0.1% 溶液，用于猪乳房消毒，化脓创、溃烂创冲洗等。

七、氢氧化钠

3% 溶液用于猪舍地面、食槽、水槽等的消毒，可放入消毒池内作为消毒液，并可用于传染病污染的场地、环境的消毒。但不许带猪消毒，以防烧坏皮肤。

八、过氧乙酸

0.1%溶液用于猪舍、地面、食槽、水槽、环境等的消毒。可以喷雾和涂刷。用于带猪消毒，喷在猪身上，不会引起腐蚀和中毒。用时观察瓶签，一般为18%～20%溶液，按比例配制成0.1%，现用现配，配制之后应尽快用完，不能过夜。

九、漂白粉

10%～20%漂白粉溶液用于猪舍、运输猪的车船、环境、粪便、土壤、污水等的消毒；1%～3%澄清液用于食槽、水槽、用具等的消毒。

十、甲醛

2%甲醛溶液用于器械消毒。猪舍熏蒸消毒，要求室温20℃，相对湿度60%～80%，门窗密闭，不许漏风。每立方米空间用福尔马林25mL、水12.5mL、高锰酸钾12.5g。先把福尔马林和水放入一个容器里，再加入高锰酸钾；甲醛蒸汽迅速蒸发，人必须快速退出。消毒时间最好24h以上。特别要注意的是先放福尔马林和水，后放高锰酸钾。

十一、生石灰

配制10%～20%石灰乳，涂刷猪舍墙壁、栏杆、地面等。也可以将生石灰撒在阴湿地面、猪舍地面、粪池周围及污水沟旁等处。

十二、草木灰

草木灰 2kg、水 10L 混合，煮沸 2h，用麻袋等物滤过，备用。用时加 2 倍热水稀释，用于喷洒或涂擦猪舍地面、栏杆、用具、污染场地等。该品是一种碱性溶液，杀菌力很强。

十三、威力碘

该品含碘 0.5%，消毒防腐药，1%～2% 用于猪舍、猪体表及环境的消毒；5% 用于手术器械、手术部位的消毒。对病毒和细菌均有杀灭作用。

十四、1210

该品 1∶600 稀释的溶液可对猪舍、地面、用具、环境消毒，对病毒和细菌有杀灭作用。

十五、消毒灵

该品 1∶300 稀释的溶液对猪舍、地面、栏杆、食槽、水槽、用具、环境等进行喷雾、涂擦等进行消毒，可以带猪消毒，无毒害、无副作用。对病毒和细菌有杀灭作用。

十六、消特灵Ⅱ

消特灵Ⅱ对猪瘟、水疱病、口蹄疫等病毒消毒效果很好，对皮肤无刺激作用，性质稳定，用量小。可用于空气、地面、墙壁、饲槽、饲养员衣服和洗手等消毒。口蹄疫消毒用 1∶（1000～2500）；水疱病消毒用 1∶（800～1500）；环境消毒 1∶（2500～3500）；食槽食具、工具消毒 1∶10000；饲养员手、衣服、鞋消毒用 1：15000。

十七、百毒杀

季铵盐类消毒药，10% 百毒杀按 1：200 稀释，每周 2～3 次喷雾消毒，但注意疫苗免疫前后 2～3d 不要进行喷药消毒。

十八、百菌消 -30

百菌消 -30 为碘酸混合溶液。猪舍猪体消毒 1：1000；饮水消毒 1：2500；车轮、脚踏盆消毒 1：500；网状、条状设备消毒 1：400；手术消毒 1：500。疫病暴发时，1：（200～400）。对口蹄疫、猪蓝耳病等均有很好的杀灭效果。

十九、威宝消毒液

威宝消毒液的主要成分是双链季铵盐络合碘，同时兼备季铵盐和碘的双重作用。该品饮水消毒 1：（1200～2000）；常规消毒 1：（700～1000）；疫情暴发期消毒 1：（500～700）；母猪配种前消毒 1：（700～1000）；环境、器具消毒 1：（500～700）；口蹄疫、水疱病等皮肤、黏膜创伤、腐蹄表面消毒 1：（200～300）。

二十、菌毒敌（农乐）

深红色或深褐色黏稠液体，相对密度为 1.04～1.08，在 1℃ 以上可以与水互溶、不分层、无沉淀、气味小、毒性低、无刺激性、无腐蚀作用。可杀灭多种病毒、细菌、真菌，并可杀灭多种寄生虫卵，适用于农场、畜牧场、肉联厂（场）、冷库等环境卫生消毒。用 1 ：300 浓度对特定传染病及运载工具消毒；用 1 ：100 浓度喷雾、施药 1 次，有效期为 7d；药浴浓度 1 ：600，现用现配。

二十一、敌菌杀

敌菌杀为液体的双链季铵盐类阳离子表面活性剂。广谱抗菌、抗病毒。在使用浓度下无色、无味、无刺激性、无腐蚀性，水溶性、分散性强，可穿透有机体渗入缝隙内杀菌，且具去污除臭性能，药效稳定，不受环境因素影响，按标签说明的使用浓度下对人畜安全、无毒副作用。适用于家畜体表、房舍地面圈栏、墙壁、空气等的消毒，尤其适用于猪舍带猪喷雾消毒，手术部位、手术器械消毒，饮水消毒，也可作为水质改良消毒剂。

二十二、络合碘（碘伏）

市面上超好生、特效碘、爱迪伏均属此类药。络合碘为棕红色、不分层、无沉淀、易溶于水的均匀液体。络合碘灭菌高效广谱，性能稳定；对皮肤、黏膜、伤口无刺激和无致敏性；它集杀菌、消炎、止痒、生肌、去污、除臭于一体；对极难杀灭的细菌芽孢、1 ：1 蹄疫病毒、水疱病病毒具有强大的杀灭能力，使用浓度 0.008% ～ 0.01% 或 0.02% ～ 0.03%，低浓度用于平时预防消毒，如圈舍、用具等的喷雾；高浓度用于紧急消毒。

第六章

养鸡场消毒技术

第一节 养鸡业消毒进展简述

　　我国在 20 世纪 40 年代前都为庭院式养鸡，每户农民在自家院中饲养数只至数十只鸡，没有什么防病和消毒措施，一旦发生传染病，则任其自然死亡，没有消毒方面的认识和措施。50 年代后，有少数国营单位采取密集型饲养，少则数百只，多则数千只，对传染病的疫苗接种和消毒工作逐渐重视起来，畜牧兽医工作机构也大力宣传鸡病的预防工作，为广大农户免费接种新城疫疫苗，宣传防病和消毒工作的重要性。人们一般对疫苗接种尚可接受，但对消毒措施则接受得较差。随着人民生活水平的提高，对肉蛋的需求快速增加，自 60 年代后期和 70 年代初以来，养鸡业发展迅猛，不但国营养鸡场的数目增多，而且市郊的农户开始创建了家庭养鸡场，开始由庭院型养鸡转变为集约化饲养。由于养鸡业利润丰厚，采取集约化养鸡的农户大量增加，但经过一段短暂时间之后，农户养鸡不但无利可图，而且出现亏本的局面，一些农户的鸡场倒闭，放弃了养鸡业。面对当时农户养鸡由兴到衰的现象，有人归纳总结出这样的顺口溜：一年赚，二年平，三年赔，四年黄。这一现象发生的根本原因是对消毒工作不重视。第一年由于饲养场地干净，病原菌较少，鸡的成活率高，可以赚到钱；第二年，由于第一年没有对鸡场进行消毒处理，鸡场被病原菌污染，鸡发病死亡的数量增加，鸡场仅可维持不赚不赔的持平局面；第三年饲养时，由于养鸡场地在前两年中积存了多种病原菌，鸡发病死亡的数量大为增加，鸡成活率很低，因而出现了亏本的局面；第四年则因为养鸡亏本，无利可图，随即关闭鸡场，停止了养鸡。找到了上述现象产生的原因之后，一些农户重视了消毒工作，消毒措施得当，提高了鸡的成活率因而出现了年年有钱可赚的局面，增强了农户养鸡的信心，养鸡业得到进一步发展和提高。

　　鸡密集型饲养成功的关键是要保证鸡的健康成长，特别是要预防传染病的发生，因密集型饲养，一旦发生

传染病，极易全群覆灭。所以，必须采取预防传染病发生的措施，消毒工作是其中最重要的一环，鸡病治疗则是不得已而采取的办法，对此不应特别强调，因为鸡的疫病多数是由病毒引起的，是无药可治的；细菌引起的疾病虽有药可以治疗，但增加了养鸡成本。因此，预防传染病的发生是关键，消毒工作又是预防传染病发生的重要措施之一。

鸡发病的可能性随饲养数量的增加而增加。据国外统计，鸡群的大小每增加 1 倍，发生疫病的可能性增加 4 倍，这就是为什么鸡群越大对防病消毒措施要求越严的缘故。

第二节 养鸡场的建设

一、场址选择

鸡场应建在人烟稀少的僻静之处，便于隔离和防疫工作。实际上，只有实力雄厚的大型鸡场可以做到，一般的鸡场难以做到，只能选择在远离交通要道和居民点之处建立，距离越远越好，最少要相隔 1 ~ 2km。市郊农户的养鸡场多建在市民居住地附近，人员往来频繁，鸡同外界接触的机会较多，不利于疫病的防治，只有加强消毒工作，才能保证鸡的健康成长。

二、鸡场建筑的布局

① 鸡场内的生产区与鸡场工作人员的生活区应分开，生活区应建在鸡场生产区之外，至少应相距 500m 以上。

② 鸡舍建筑应是砖结构和水泥地面，有利于消毒和防疫的开展。

③ 鸡场内饲养同日龄的鸡，实行全进全出制，有利于疫病的防治和开展消毒工作。

④ 鸡场生产区内饲养不同日龄的鸡时，鸡舍的分布要合理，雏鸡舍、后备鸡舍应建在商品鸡舍的上风头，这样有利于疫病的防治，可防止商品鸡

疫病传至雏鸡。

⑤ 生产区内鸡舍与鸡舍之间应保持一定的间隔距离，防止由一鸡舍排出的污浊空气又进入另一鸡舍内。

⑥ 鸡场生产区应建立围墙，以防止野生动物进入。生产区的出口处应建有消毒池，消毒池的长度为足够进出车辆的车轮转 1.5 圈，宽度为车辆宽的 1.5 倍。消毒液的深度为可浸没车轮 2/3 的高度。

⑦ 鸡场外和鸡场内的鸡舍之间应栽种树木，便于鸡舍的遮阴和净化空气，但不应栽种高大乔木树种，因这种树木会引来野鸟筑巢和群集，不利于防病工作。

⑧ 清除鸡舍附近的杂草，以防止昆虫的滋生，同时注意灭鼠和消灭鸡舍内的蚊、蝇等有害昆虫。

第三节　消毒的基本方法

一、消毒的种类

根据疫情的发生和鸡的饲养情况，可将消毒工作分为 3 种类型。

（一）预防消毒

鸡场未发生传染病时，每月定期对鸡场内的路面、鸡舍内的用具、运输工具和鸡群消毒 1 ~ 2 次。若本地区有传染病发生时，则适当地增加 1 ~ 2 次消毒，以预防传染病的发生。

（二）紧急消毒

鸡场内的某栋鸡舍发生传染病时，立即对该栋鸡舍进行封锁，进出的物品、鸡群和人员等都要进行消毒处理，每天消毒 1 ~ 2 次。鸡舍的环境也要进行消毒处理,如清除鸡舍外杂草,喷洒杀虫剂以消灭有害昆虫,驱散鸡舍附近的野鸟,杀灭在鸡舍出没的鼠类等。邻近的鸡舍也要增加消毒次数,将传染病封锁在发病的鸡舍内,防止传染病扩散到其他的鸡舍。

(三)最终消毒

每批鸡饲养结束时,在粪便和垫料等废弃垃圾处理完毕后,对鸡舍内外、料槽和饮水器等用具进行一次彻底的消毒,以杀灭由于饲养上一批鸡而可能存留下来的病原菌,保证下批鸡进入时,鸡舍是清洁无病原菌的。

二、消毒对象

为了预防传染病的发生,凡是同鸡直接或间接接触的人员和物品都要消毒。消毒对象有以下4类。

① 场区内通往鸡舍的路面及附近区域。

② 鸡舍内笼架、料槽、饮水器等用具,装运饲料的麻袋及车辆等工具。

③ 鸡舍内的粪便、垫料和病死鸡等垃圾物。

④ 往来于场区内和进入鸡舍内的工作人员。

三、消毒方法

根据消毒对象的不同需采用不同的消毒方法,日常所采用的方法主要有物理方法、化学方法和生物学方法。

(一)物理方法

1)清扫洗刷法 将鸡舍内的垃圾物扫出之后,用水或高压水枪冲洗鸡舍内的设备、墙壁、天棚和地面,将附着于其上的污物冲洗掉。这是非常重要的一步,因污物内往往藏有病原菌,污物不去掉将影响到化学消毒的效果,因为消毒剂只能杀死污物表面的病原菌，消毒液有可能渗透不到污物的内部从而不能将其中的病原菌杀死。将来在一定条件下，此污物将成为传染病的疫源。清洗是采用任何消毒法之前所必须经过的第一步。

2）阳光照射法　洗刷干净的设备和用具移至阳光下曝晒，通过阳光中的紫外线和干燥作用，将附着其上的病原菌杀死。

3）干热消毒法　一些用具可放在烘干箱内干热消毒。

4）煮沸消毒法　一些用具可放在水中煮沸消毒。

5）高温、高压或流动蒸汽消毒法　利用高温、高压或流动蒸汽的温热将鸡舍四壁和设备及用具上的病原菌杀死。

6）火焰喷射法　利用火焰喷射器或喷灯所产生的高温将鸡舍四壁和金属设备及用具上的病原菌杀死。

7）焚烧消毒法　将垃圾或死鸡进行焚烧以消灭病原菌。

（二）化学方法

将消毒剂（药）按要求配制成一定浓度的溶液，按下述方法进行消毒。

1. 洗刷或浸泡消毒法

将需要消毒的物品进行洗刷或浸泡以杀死其上的病原菌，应注意消毒液经过多次反复使用后，会降低其消毒效果，要及时更换消毒液。

2. 喷洒消毒法

利用喷雾器向路面、墙壁、设备及用具上进行喷洒消毒，喷出雾滴的直径应大一些，雾滴的直径最小应在 $200\,\mu m$ 以上。

3. 气雾消毒法

此法常用于鸡舍内的带鸡消毒，气雾消毒的最适宜温度为 $18 \sim 22\,℃$，最适宜相对湿度为 $70\% \sim 80\%$，最适宜的雾滴直径为 $50 \sim 100\,\mu m$，若雾滴过小（ $5 \sim 10\,\mu m$ ），则雾滴易被鸡吸入呼吸道内而产生不良的作用。气雾消毒时，至鸡背的羽毛微湿即可，消毒液的用量为 $15 \sim 30\,mL/m^3$。

4. 熏蒸消毒法

此法多用于甲醛溶液对鸡舍和种蛋的消毒，详细操作方法见消毒剂（药）中的甲醛溶液部分。

5. 投放消毒法

向污水或水中投放消毒剂（药）以杀灭水中的病原菌。

（三）生物学方法

将鸡舍内的粪便、垫料和其他垃圾堆集于一处，其上覆盖一层泥浆或一层泥土，其中的微生物发酵产热，可将病菌杀死。

四、鸡场常用的消毒剂和用法

消毒就是清除致病性的微生物（细菌、病毒、支原体等）或将其灭活使它失去活性。消毒剂是一种药物，它能消灭致病性微生物，或者能将其灭活而失去活性，不再危害鸡，从而达到消毒的目的。消毒作用是指消毒剂消灭致病性微生物的活动或杀灭过程。清洁卫生就是减少致病微生物的数量，并防止它们的繁殖，使消毒剂更易发挥其消毒作用。

鸡场用消毒剂应具备下列一些特性：价格便宜，容易买到，在生硬水中容易溶解，对人和鸡比较安全，对用具（料槽和饮水器）和纤维织物没有腐蚀性或破坏性，在空气中稳定，没有令人不快的气味，没有残留毒性，对多种病原微生物有效，多次使用某一消毒剂都不会在鸡体或蛋内产生有害的积累或残留。要想使任何一种消毒剂既有效又用量少且经济，那么必须先用水（或加清洁剂）将所要消毒的物体表面彻底清洗干净，除去尘埃、污垢和有机物质，只要能满足这些基本清洁条件之后，许多消毒剂都是很有效的。

任何一种消毒剂在使用前都要仔细阅读其产品说明，按说明书中的要求进行使用。鸡场常用的消毒剂有以下几种。

（一）甲醛

甲醛熏蒸时，需要在一定的温度和相对湿度的条件下进行，对温度的要求是 16～25℃，刚出壳雏鸡为 32℃，低于 15℃ 时则消毒效果下降，温度越低消毒效果越差。相对湿度的要求是 60%～90%，低于 60% 则消毒效果下降，湿度越低消毒效果也越低，湿度高则消毒效果好。熏蒸箱内多层放置的种蛋，可在高温（30～32℃）和高湿（80%～90%）条件下进行消毒，同时箱内应安装风扇，在熏蒸时间内，不断地吹动甲醛气体，使其均匀地到达多层蛋的中心部位，分布至所有的空间内，以达到消灭蛋壳上病原菌的目的。不同消毒浓度每立方米空间所需的福尔马林和高锰酸钾量见下表。

不同消毒浓度每立方米空间所需的福尔马林和高锰酸钾

浓度（等级）	福尔马林 /mL	高锰酸钾 /g
1 倍浓度	14	7
2 倍浓度	28	14
3 倍浓度	42	21
4 倍浓度	56	28
5 倍浓度	70	35

不同消毒对象用福尔马林熏蒸消毒的等级和时间也不同，具体情况见下表。

不同消毒对象用福尔马林熏蒸消毒的等级和时间

消毒对象	熏蒸等级	熏蒸时间	是否需中和
种蛋	3 倍浓度、4 倍浓度	30min、20min	不需要
装入孵化器 24h 的种蛋	2 倍浓度	20min	不需要
出雏器内刚出壳的雏鸡	1 倍浓度	3min	需要
出雏器、雏鸡存放室、运雏箱	3 倍浓度	30min	不需要
鸡舍	3 倍浓度	24h	不需要
运鸡车	5 倍浓度	30min	需要

（二）氢氧化钠

氢氧化钠2%～3%溶液常用作鸡舍和鸡场门口消毒池内的消毒液，因车辆和人员的频繁往来，消毒液易失效，须常检查消毒液是否有效，无效时应立即更换消毒液或向消毒液内加入氢氧化钠。检查方法见第一章第五节。2%～3%溶液可杀灭细菌和病毒，5%～10%溶液可杀灭细菌的芽孢。2%～3%溶液用于消毒地面、料槽和饮水器、运输用具和车辆等。因其对人的皮肤有腐蚀作用，操作时工作人员应戴胶皮手套，在消毒物的表面干燥后，要用清水冲洗1次，洗掉其上附着的氢氧化钠，热溶液的消毒效果要好一些。氢氧化钠对铝制品有腐蚀性，铝制品的设备和器具不能用于盛氢氧化钠消毒剂，氢氧化钠对棉毛织品和油漆表面也有损害作用。

（三）氧化钙

常配成10%～20%乳剂，用来粉刷鸡舍墙壁，因其会吸收空气中的二氧化碳而变成碳酸钙，失去消毒作用，所以应现配现用。氧化钙1kg加350mL水即成为石灰粉末，可撒在阴湿地面、粪池周围及污水沟等处消毒，需3～5d用1次，不宜用生石灰粉末消毒。

在寒冷地区，一般的消毒液易结冰而失效，常用氧化钙作为消毒剂，先使其成为石灰粉末，再撒于路面和鸡舍与鸡场门口的消毒池内，对往来的人员和车辆进行消毒。

（四）来苏儿

对结核杆菌的杀灭力较强，0.3%～0.6%溶液在15min内可杀灭结核杆菌，1%～2%溶液常用作鸡舍人员洗手的消毒液，3%～5%溶液可用于鸡舍墙壁、地面、鸡舍内用具的洗刷消毒和运料及运鸡车的喷雾消毒，也可用作消毒池内的消毒液。因其有粪臭味，不可用于鸡蛋、鸡体表及蛋与鸡肉产品库房的消毒。经来苏儿消毒的物体，须再用清水冲洗1次。

（五）复合酚

商品名称为菌毒敌、菌毒灭、毒菌净、农乐或畜禽灵等。是酚与酸的复合型消毒剂，其中含酚41%～49%，醋酸22%～26%，有特异的臭味，是一种高效广谱的杀菌消毒剂，不仅对细菌、病毒和真菌有杀灭作用，对寄生虫虫卵也有杀灭作用，而且还可抑制蚊、蝇等昆虫的滋生。常用浓度为0.3%～1%，主要用于鸡舍、笼具、运动场、路面、运输车辆和病鸡排泄物的消毒，一般用药1次，可维持药效7d。环境污染特别严重时，可适当地增加药液浓度和消毒次数。

复合酚与其他药物或消毒液混用时，可降低药液的消毒效果。药液用水稀释时，水温以10℃左右为佳。

（六）漂白粉

漂白粉1%～3%澄清液可用于料槽、饮水器和其他非金属制品的消毒。5%～20%乳剂可用于鸡舍墙壁、地面和运动场的消毒。饮水消毒时可于每立方米水中加6～10g，搅拌均匀后30min即可饮用。鸡粪消毒时可将漂白粉撒在鸡粪便上，按1∶5比例均匀混合，进行消毒。池塘水消毒加1mg/L有效氯即可。

漂白粉对金属制品有腐蚀性，对棉毛等纺织品有褪色漂白作用，故它不能用于这两者的消毒。

（七）过氧乙酸

市售过氧乙酸商品为20%浓度的制剂，根据消毒对象的不同，具体应用如下。

1. 浸泡消毒

0.04%～0.2%浓度用于饲养用具和人的手臂消毒。

2. 喷洒消毒

0.5% 浓度用于对室内空气、墙壁、地面和笼具的表面消毒。

3. 带鸡消毒

0.3% 浓度用于带鸡气雾消毒，用量为每立方米 30mL。

4. 饮水消毒

每 1000mL 水中加成品（20% 过氧乙酸）1mL。

5. 鸡舍消毒

鸡舍密封后，用 5% 浓度喷雾消毒，每立方米空间用 2.5mL。增加湿度可增强杀菌效果，当温度为 15℃ 以上时，相对湿度以 70% ~ 80% 为宜；15℃ 以下时则应为 90% ~ 100%。

（八）新洁尔灭

市售商品有 1%、2%、5% 和 10% 制剂，用时须看清其含量，根据产品说明进行稀释。

0.1% 浓度用于手臂洗涤和鸡舍内器具浸泡消毒，有时也用于种蛋浸泡消毒，浸泡时的水温要求 40℃ ~ 43℃，浸泡时间不应超过 3min。对金属无腐蚀作用，为防止金属的生锈，可在新洁尔灭溶液中加 0.5% 亚硝酸钠。若水质过硬，可适当地增加药物浓度，新洁尔灭属于低效消毒剂，不宜用于饮水、粪便和污水的消毒，不可与碘、碘化钾和过氧化氢等消毒剂配合使用。

（九）百毒杀

百毒杀为新型季铵盐类阳离子表面活性消毒剂，市售商品为无色、无臭、无刺激性和腐蚀性，并且性质稳定，不受环境酸碱度、水质硬度、粪便污水等有机物及光和热的影响，可长期保存，应用范围广泛。

百毒杀是一种广谱杀菌剂，它对细菌、病毒、真菌和藻类都有杀灭作用，并且是速效、强效和长效的。由于本消毒剂对人和畜、禽无毒，无刺激性和无副作用，因此既可用于鸡群的饮水消毒、带鸡消毒等预防性消毒，也可用于疫情发生时的紧急消毒，紧急消毒时的药物用量加倍即可。

百毒杀的市售制剂有两种：一种的名称为百毒杀，含百毒杀50%；另一种是百毒杀–S，含百毒杀10%。两者的性质和应用完全相同，只是在使用时后者需加大5倍剂量。具体使用时的剂量、用途和方法见下表。

百毒杀的用途、剂量和用法

用途	每10L水中的药量（稀释倍数）	用法
日常预防性的饮水消毒	0.5 ~ 1mL（10000 ~ 20000倍）	可长期作饮水消毒，也可定期作饮水消毒
有疫情发生时的饮水消毒	1 ~ 2mL（5000 ~ 10000倍）	连续消毒饮用水7d
正常鸡舍、器具、笼具和带鸡消毒	3mL（3000倍）	冲洗、浸泡、喷雾、喷洒
可能有疫情发生时，鸡舍、器具和笼具消毒	5mL（2000倍） 10mL（1000倍）	冲洗、浸泡、喷雾、喷洒
种蛋消毒	3mL（3000倍）	喷雾
孵化室及其设备、器具消毒	3 ~ 5mL（2000 ~ 3000倍）	喷雾、冲洗、浸泡、洗刷

（十）抗毒威

抗毒威为一种含氯的广谱消毒剂，为白色粉末，易溶于水，溶液呈中性，可有效地杀灭各种细菌和病毒，常用于鸡场、地面、器具、种蛋和饮水的消毒。

1：400稀释液常用于鸡舍、运动场、路面、鸡舍内器具和笼具的喷洒消毒或器具的浸泡消毒，若用于浸泡种蛋，则只需10min；1：5000稀释液可用于鸡的饮水消毒，鸡场有疫情发生时则药物用量加倍。

（十一）灭毒霸

灭毒霸为一种双链季铵消毒剂，无腐蚀性和刺激性，不受有机物和硬水的影响，具有广谱、高效杀菌的作用，可杀灭各种细菌、病毒、真菌和藻类等病原微生物，主要用于鸡舍、饲饮器具、笼具、种蛋和饮水的消毒。用清水按比例稀释后，可用于喷雾、喷洒、浸泡、洗涤和饮水消毒。定期的预防性消毒，可按 1 ：（1000 ~ 2000）稀释使用；发生疫情时的紧急消毒，可按 1 ：（800 ~ 1500）稀释使用；对环境、鸡舍、器具、笼具、种蛋消毒时，可按 1 ：（1000 ~ 2000）稀释使用；饮水消毒时，可按 1 ：（1000 ~ 2000）稀释后使用。

（十二）水易净消毒泡腾片

为片型制剂，其有效成分为二氯异氰尿酸盐，是一种广谱、高效消毒剂，可杀灭各种细菌、病毒、分枝杆菌和真菌等病原微生物。可用于环境、鸡舍的饲养设备、饮水系统、运输工具、孵化室、育雏室、人员及消毒池等的消毒。市售商品有两种片剂型：水易净 200 和水易净 1000。水易净 1000 的用法和用量如下：①饮水消毒，1 粒药片溶于 1000 ~ 2000L 水中，30min 后饮用；②空舍时对鸡舍环境及器具消毒，1 粒药片溶于 15 ~ 30L 水后，喷雾消毒；③带鸡消毒，1 粒药片溶于 30L 水，喷雾；④消毒池内的消毒液，1 粒药片溶于 15L 水内，每 3d 更换 1 次。

水易净 200 的药物含量为水易净 1000 的 1/5，所以用水量为水易净 1000 的 1/5。按比例配制消毒液，两者效果完全一致。

（十三）农福

又称农富。为深褐色液体，含煤焦油酸 39% ~ 43%，醋酸 18.5% ~ 20.5%，十二烷基苯磺酸 23.5% ~ 25.5%，有煤焦油和醋酸特有的酸臭味，是一种复合酚类消毒剂。同类型产品尚有毒菌净、菌毒敌、菌毒灭等不同商品名称，其中含量也各有差异，但其作用和用途基本相同，用时应按各自的说明和要求进行。

农福是一种广谱、高效消毒剂，可杀灭各种细菌、病毒和真菌及一些寄生虫虫卵，对蚊、蝇等的滋生也有抑制作用。主要用于环境、鸡舍、运动场、地面、笼具、车辆或病鸡排泄物的消毒，用药 1 次，药效可维持多天。

常用 1% ~ 1.5% 溶液消毒鸡舍环境、地面、笼具及浸泡器具和进行车辆的清洗。以单独使用为宜，若与碱性药物或其他消毒剂混合使用则可降低消毒效果。

（十四）乳酸

乳酸按 1：5 稀释后可进行空间消毒。消毒孵化器（室）、化验室或仓库时，应紧闭门窗等通风口，每 100m³ 空间用乳酸 10mL，采用加热熏蒸或喷雾消毒，作用 30 ~ 60min 后打开门窗通风。

（十五）高锰酸钾

0.1% 低浓度高锰酸钾可杀灭细菌，2% ~ 5% 高浓度时可在 24h 内杀灭细菌芽孢。在酸性溶液中其杀菌作用可明显提高，如在 0.1% 溶液中加入 1% 盐酸，只需 30s 即可杀灭细菌芽孢。

同甲醛溶液相混可用于鸡舍、孵化器（室）、化验室、更衣室等的空间消毒，具体操作见甲醛溶液部分。

0.1% 溶液可用于鸡群的饮水消毒。2% ~ 5% 溶液可用于浸泡被病鸡污染的饲、饮器具及桶、盘等，能杀死芽孢和病毒。用于饮水消毒时，应特别注意浓度不能过高，过高会对雏鸡的黏膜有刺激和腐蚀性，产生有害的作用。

（十六）碘

1）2%碘酊　碘化钾 1.5g 溶于 1.5mL 蒸馏水中，再加碘 2g，待碘完全溶解后，加 75% 酒精至 100mL 即成。饮水消毒时，每升水中加 2% 碘酊 5～6 滴，15min 后，即可杀灭水中的病原微生物，然后供鸡饮用。

2）5%碘酊　碘化钾 3g 溶于 3mL 蒸馏水中，再加碘 5g，待碘完全溶解后，加 75% 酒精至 100mL 即成。为棕红色澄清液体，置玻璃瓶中密封保存。主要用于手术或注射部位的消毒。

五、注意事项

① 用活苗对鸡进行免疫时，在免疫前 2d 和免疫后 3d，不要用消毒剂对鸡进行消毒，因为消毒剂可能对鸡产生不利影响，干扰免疫力的产生，若用灭活苗免疫，则不需要考虑此问题。

② 消毒可以防止鸡发生传染病，但也不能频繁对鸡群消毒，即便在发生疫情做紧急消毒时，连续消毒日数也不应超过 7d，以防止消毒剂在鸡体积聚残留而产生不利影响。另一方面，频繁消毒也增加了鸡场的生产成本。预防性消毒更不能频繁使用，隔 1～2 周进行 1 次即可。

③ 饮水消毒应慎重，通过饮水途径对鸡胃肠道消毒时应慎重，因它杀灭胃肠道内病菌的同时，也杀灭了胃肠道内生存的正常菌群，引起消化吸收紊乱而产生不利影响。另一方面，消毒剂可能对胃肠道黏膜产生刺激作用，影响到营养的吸收与利用，此法一般不用于 1 月龄以上的鸡，有时只用于数日龄的雏鸡。

④ 带鸡消毒应慎用，在鸡群没有疫情发生时，一般不做带鸡消毒，或每月只进行 1 次，因带鸡消毒要求的条件较多，如温度、湿度、雾滴大小和消毒剂等，若条件不具备时，则收不到预期的效果，并且或多或少会使鸡的生产性能下降，如增重和产蛋减少。

第四节　鸡场消毒原则

为了保证疫病不由鸡场的工作人员传入场内，凡进入生产区的人员必须消毒和遵守有关规定。此外，还应遵守的原则如下。

① 鸡场工作人员的家中不得饲养家禽，家属也不能在家禽交易市场或家禽加工厂内工作。

② 进入鸡场的工作人员或临时工作人员（如设备维修人员等）都要更换消毒服、鞋和帽后，才可以进入生产区。消毒服每周消毒 1 次，也可穿着一次性的塑料套服。消毒服限于在生产区内穿着，不能穿着走出生产区外。有条件的鸡场需先洗澡后，再更换消毒服。

③ 鸡场生产区的门口有消毒池，进入生产区时需踏消毒池而过。每栋鸡舍的门外也有消毒池，进入鸡舍时也需踏池而过，消毒池内的消毒液一般用 3% 来苏儿或 3% 氢氧化钠，消毒液应定时更换。

④ 鸡舍门口的内侧放有消毒水盆，进入鸡舍后需先进行洗手消毒 3min，再用清水冲洗干净，然后才可以开始工作。消毒水一般用 0.1% 百毒杀或 1% ~ 2% 来苏儿，消毒水每 1 ~ 2d 更换 1 次。

第五节　孵化室的消毒

孵化室是入孵种蛋和出壳雏鸡必经之地，入孵的种蛋受到污染后，则孵化率降低，孵出的也是带病的雏鸡，即便孵出的雏鸡正常，在污染的孵化室内也可能被感染而成为带菌鸡，成为疫病的传染源。因此，孵化室的消毒工作是养鸡业中重要的一环，必须重视孵化室的消毒。

① 孵化室应建在相对独立的地点，同生产区、生活区和化验室保持一定的距离，最少应彼此相隔 1km 以上。孵化室的周围应建立围墙，无关人员不能入内。

② 孵化室内的工作人员应固定，无关人员不得进入孵化室，室内也不能饲养任何宠物。

③ 工作人员需先更换消毒服、鞋和帽等，然后才可进入孵化室。

④ 孵化室门口有消毒池，内放消毒液，工作人员需双足踏消毒池，然后才可进入室内。

⑤ 孵化室门内侧放有消毒水盆，工作人员需先洗手消毒后，才可以开始工作。工作期间不允许穿着消毒服走出室外。

⑥ 孵化室内应保持清洁卫生，无杂物，每周消毒 1 次。

⑦ 新产下的种蛋收集之后，应立即用甲醛熏蒸消毒，温度要求在 20 ~ 25℃，相对湿度要求在 65% ~ 75%，每立方米空间的甲醛用量为 42mL，高锰酸钾用量为 21g，熏蒸时间为 20min，以杀死蛋壳表面上的病原菌。熏蒸时应注意以下两点：a. 种蛋不能用纸质托盘装载，因纸质托盘可吸收甲醛气体；b. 熏蒸室内的气体要不断流动，使甲醛气体可以到达每一层的种蛋之间，一般是在熏蒸室内安装风扇，促使气体流动。

⑧ 种蛋装入孵化器后，立即在温度 32℃、相对湿度 65% ~ 75% 条件下，用甲醛熏蒸消毒。甲醛气体对人、孵 24h 后至未出壳的鸡胚都是有毒的，所以，在孵化过程中不能再做熏蒸消毒。

⑨ 出雏时，外来接雏人员不得进入孵化室内，应在室外等候接雏。

⑩ 出雏结束后，将病、残、死雏、毛蛋及蛋壳等分装入塑料袋，运出孵化室做无害处理。随后将出雏器、孵化器、出雏室及出雏盒等冲洗干净，然后做熏蒸消毒，时间为 2h 以上。

⑪ 出雏和有关器具的消毒工作全部结束后，对孵化室地面做一次消毒。

第六节　鸡舍消毒程序

养鸡场消毒中，鸡舍消毒是很重要的，本节将就如何对鸡舍消毒，作一具体的叙述说明。

① 鸡的饲养期结束后，将鸡舍内的鸡全部移走，并清除散落在鸡舍内外的鸡粪。

②清除鸡舍内存留的饲料，未用完的饲料不再存留在鸡舍内，也不应挪至另外的鸡舍，可作为垃圾处理。

③ 彻底清洗水槽、料槽和料箱，将其上附着的饲料和污物冲洗干净，因其内部和表面可能有病原菌存在，消毒药不易将其杀死而成为疫病的传染源。

④ 设备要移至舍外，并经清洗和阳光照射。因脏污的设备可能会带有病原菌，所以，凡可以移动的设备都要移至舍外，经过彻底清洗之后，放在阳光下曝晒，经过消毒之后再搬回鸡舍，未消毒的设备搬回鸡舍之后，则破坏了鸡舍的消毒效果，鸡舍可能重新被污染。

⑤ 初步清洗鸡舍，用水冲洗天棚、四周墙壁及门窗等，去掉其上附着的灰尘。飞溅下来的水将弄湿垫料，灰尘附着其上，最后一齐移走。

⑥ 移走所有的垫料，转移到远离鸡舍的地方沤制成肥料，在靠近鸡舍的地方不能堆集和有散落的垫料，因鼠和昆虫可能将其中的病原菌带回鸡舍。

⑦ 清理鸡舍内外散落的垫料、饲料及各种垃圾，并铲除鸡舍附近的杂草，将其一并送往堆集垫料和鸡粪处。

⑧ 彻底洗刷鸡舍墙壁、地面、门窗及设备器具等，必要时可在水中加洗涤剂，先用洗涤剂水浸泡2h，然后用清水洗刷，高压水枪冲洗，可获得较好的效果。需要擦拭的部分一定要擦拭干净，因消毒效果的好坏，往往取决于消毒物体的洁净程度，消毒物体越洁净则消毒效果越好。

⑨ 在鸡舍经冲洗后，仍然潮湿未干时进行消毒，很多消毒剂都是可用的，某些消毒剂可能会在鸡舍内残留，应再用清水轻微冲洗一下。

⑩ 鸡舍熏蒸消毒：鸡舍清洗干净之后，紧闭门窗和通风口，舍内温度要求在18～25℃，相对湿度在65%～80%，每立方米空间用福尔马林42mL，高锰酸钾21g，熏蒸时间为24h。如果鸡舍曾用过3%～4%甲醛消毒或曾做过第二次消毒，则可不做熏蒸消毒。

⑪ 在地与墙的夹缝处和柱的底部涂抹杀虫剂，以保证能杀死进入鸡舍内的昆虫。

第七章
养羊场消毒技术

第一节　养羊场消毒的意义

尽管羊对外界环境的变化有较强的适应性和对不良环境具有较强的抵抗力，但是，许多疾病包括各种传染病、寄生虫病和由微生物本身或毒素等引起的普通病等仍然严重危害养羊业的发展。它不仅引起羊的大批死亡，而且直接限制养羊业的发展，有些疾病又可以使人羊共患病，不仅对羊群有害，而且危害人类的健康。因此，防止各种羊病的发生和流行，不仅是养羊业发展的需要，更是提高人民生活质量和健康水平的需要。要做到这一点就必须搞好养羊过程中的消毒工作。

一、防止传染病发生和传播的重要途径

在羊的传染病防治中，羊场消毒的作用环节主要是切断病原体的传播途径。不同的传染病，传播途径不同，消毒工作的重点也不同。如经消化道传播的传染病，是通过被病原微生物污染的饲料、饮水、饲养工具、粪便等途径传播；这就要搞好环境卫生，加强饲料、饮水和各种工具的消毒，特别是搞好粪便的消毒或无害化处理，在预防此类传染病上有重要意义。经呼吸道传播的传染病，患病羊通过呼吸、咳嗽、喷嚏等将病原体排入空气中或污染环境和物体的表面，然后通过飞沫和空气传播给健康羊；预防这类传染病，对污染的羊舍内空气和物体表面进行消毒处理，具有重要防病意义。一些接触性传染病，主要是病羊和健康羊的直接接触，如碰撞、撕咬、交配等传播传染病；控制这类传染病可通过对动物的皮肤、黏膜和有关工具的消毒，主要通过洗眼及点眼、涂擦、药浴、生殖道冲洗消毒等方式，预防或治疗某些皮肤和黏膜微生物感染及寄生虫病等。

二、预防感染和发病

已知的病原微生物除能引起羊的传染病外，尚有一部分疾病是由病原

微生物本身或其毒素引起的疾病，如外科感染、肿瘤、泌尿系统感染、神经系统感染等。这些疾病虽然没有明确的传染源，但其病原体均来自环境或身体表面及浅表体腔等。为预防这类疾病的发生，对外环境、羊的体表及浅表体腔采取一定的消毒措施也是非常必要的。当这些疾病发生时，对病羊排出的病原体进行彻底的消毒。

三、保护养羊业健康发展的重要措施

羊的各种疾病对养羊业的经济损失是十分巨大的，有些传染病如羊炭疽、羊快疫等，能引起羊群的毁灭性死亡。有些羊的传染病死亡率虽不高，但能使羊的发育迟滞，繁殖能力降低，同样给养羊业造成损失。因此，做好养羊场的消毒和卫生管理工作，采取综合性防治措施，预防和控制羊的各种传染病，减少其他疾病和寄生虫病，对养羊业的健康发展和提高养羊业的经济效益有着极其重要的作用。

四、保障人民身体健康

人、羊共患的传染病（如布氏杆菌病、炭疽、破伤风等），一方面给养羊业造成危害；另一方面也严重地威胁人类健康。做好羊消毒工作的同时，也加强了人类自身的保护，这在公共卫生学上也具有重要意义。

第二节　养羊场消毒管理

由于养羊业的高度集约化生产，消毒防病工作在各类养羊场生产中具有重要意义。因此，各类养羊场消毒管理措施制度化是养羊业健康发展的根本保证。羊场消毒管理措施的实施主要包括：常规消毒（参见第六章），饲料、土壤、羊体外消毒，兽医诊疗室及医疗器械消毒，疫源地消毒等。

一、饲料的消毒

羊的饲料主要为草类、秸秆、豆荚等农作物的茎叶类粗饲料和豆类、豆饼、玉米类合成的精饲料两类。

粗饲料灭菌消毒主要靠物理方法，保持粗饲料的通风和干燥，经常翻晾和日光照射消毒；对于青饲料则要加强保鲜，防止霉烂，最好当日割当日吃掉。精饲料要注意防腐，经常晾晒。必要时，在精饲料库配备紫外线消毒设备，定期进行消毒杀菌。合成的多维饲料应是经辐射灭菌的成品，是畜禽养殖场最理想的精饲料。

二、土壤的消毒

羊的四肢强健，喜动，应在圈舍周围留置一定面积的空地作为羊的运动场所。如果运动场所较大，全部用水泥修建成本较高，一般可为泥土场地。水泥或沥青场地的消毒方法同圈舍消毒，泥土地的消毒属土壤消毒范畴。

在自然界中，土壤是微生物生存的主要场所，1g 表层泥土可含各种微生物 $10^7 \sim 10^9$ 个。土壤中的微生物数量、类群，随着土层深度、有机物的

含量、温度、湿度、pH 值、土壤种类的不同而有所不同。一般以 10 ~ 20cm 的浅层土壤中微生物含量最多。土壤中微生物的种类有细菌、放线菌、真菌等，其中细菌含量较多。病原微生物随着病人及患病羊的排泄物、分泌物、尸体和污水、垃圾等污物进入土壤而使土壤污染。不同种类的病原微生物在土壤中生存的时间有很大差别，一般无芽孢的病原微生物生存时间较短，几小时到几个月不等，而有芽孢的病原微生物生存时间较长，如炭疽杆菌芽孢在土壤中存活可达十几年以上。

在消灭病原微生物时，生物学和物理学消毒因素发挥着重要作用。疏松土壤，可增强微生物间的拮抗作用，使其充分接受阳光紫外线的照射。另外，种植冬小麦、黑麦、葱、蒜、三叶草等植物，也可杀灭土壤中的病原微生物，达到土壤净化。

在实际工作中，除利用上述自然净化外，也可以运用化学消毒法进行土壤消毒，以迅速消灭土壤中的病原微生物。化学消毒时常用的消毒剂有漂白粉或 5% ~ 10% 漂白粉澄清液、40% 甲醛溶液、10% 硫酸苯酚合剂溶液、2% ~ 4% 氢氧化钠热溶液等。消毒前应首先对土壤表面进行机械清扫，被清扫的表土、粪便、垃圾等集中深埋或生物热发酵或焚烧，然后用消毒液进行喷洒，每平方米用消毒液 1000mL。如果是芽孢杆菌污染的地面，在用消毒剂喷洒后，还应掘地翻土 30cm 左右，撒上漂白粉并与土混合。如为一般传染病，漂白粉用量为 0.5 ~ 2.5kg/m^2。

三、羊体表消毒法

羊体表消毒主要指经皮肤、黏膜施用消毒剂的方法，不仅有预防各种疾病的意义，也有治疗意义。体表给药可以杀灭羊体表的寄生虫或微生物，有促进黏膜修复和恢复的生理功能。常用方法主要为药浴、涂擦、洗眼、点眼、阴道子宫冲洗等。

四、羊场兽医诊疗室及医疗器械的消毒

羊场兽医诊所的消毒主要包括两部分内容。第一部分即诊室、注射室、手术室、处置室和治疗室的消毒和兽医人员的消毒，其消毒必须是经常性的和常规性的，并建立传染病的隔离治疗室等。具体包括：①诊室空气消毒和空气洁净技术，主要包括过滤除菌、紫外线照射消毒等技术的实施；②诊室内环境表面和物体表面的消毒，主要包括地面、墙壁、棚顶及各种器械表面的消毒；③诊疗废弃物和污水处理与消毒等。第二部分为医疗器械的消毒，因其直接与患病动物或免疫动物接触，因此应单独进行论述。

（一）羊场兽医诊室的消毒

羊场一般都要设置兽医诊疗室，负责整个羊场的疫病防治、消毒管理、疾病诊疗和免疫接种等工作。特别是大型养殖场，兽医诊所是必备的条件之一，由专业兽医师负责全场羊只的疾病防治、卫生保健等业务工作。兽医诊所是病原微生物集中或密度较高的地方。因此，首先要搞好兽医诊室的消毒灭菌工作，才能保证全场消毒工作和防病工作的顺利进行。如果兽医诊室的消毒工作不完善，将会适得其反，诊所不但不能担负起防病中心的职责，而且可能造成疫病的传播。

（二）羊场兽医诊疗器械及用品的消毒

羊场兽医诊疗器械及用品是直接与羊只接触的物品，用前和用后都必须按要求进行严格的消毒。具体消毒方法见第四章第七节中的相关内容。

五、疫源地消毒

疫源地消毒和尸体处理均属于终末消毒的范畴。疫源地消毒包括病羊所在的羊舍、隔离场地、排泄物、分泌物及被病原微生物污染和可能被污染的一切场所、用具和物品等。在实施消毒过程中，应根据传染病病原体的种类和传播途径的区别，抓住重点，以保证疫源地消毒的实际效果。如肠道传染病消毒的重点是羊排出的粪便以及被污染的物品、场所等；呼吸道传染病则主要是消毒空气、分泌物及污染的物品等。

疫源地污染物消毒方法及消毒剂用量见下表。

疫源地污染物消毒方法及消毒剂用量

消毒对象	消毒方法及消毒剂用量	
	细菌性传染病	病毒或真菌性传染病
空气	① 甲醛熏蒸，福尔马林液 25mL，作用 12h（加热法）； ② 2% 过氧乙酸熏蒸，用量 1g/m³，20℃作用 1h； ③ 0.2% ~ 0.5% 过氧乙酸或 3% 来苏儿喷雾 30mL/m²，作用 30 ~ 60min； ④ 红外线照射 0.06W·s/cm²	① 甲醛熏蒸法（同细菌性传染病）； ② 2% 过氧乙酸熏蒸，用量 3g/m³，作用 90min（80℃）； ③ 0.5% 过氧乙酸或 5% 漂白粉澄清液喷雾，作用 1 ~ 2h； ④ 乳酸熏蒸，用量 100mg/m³ 加水 1 ~ 2 倍，作用 30 ~ 90min
排泄物	① 成形粪便加 2 倍量的 10% ~ 20% 漂白粉乳剂，作用 2 ~ 4h； ② 对稀便，直接加粪便量 1/5 的漂白粉剂，作用 2 ~ 4h	① 成形粪便加 2 倍量的 10% ~ 20% 漂白粉乳剂，充分搅拌，作用 6h； ② 对稀便，直接加粪便量 1/5 的漂白粉粉剂，作用 6h； ③ 尿液 100mL 加漂白粉 3g，充分搅匀，作用 2h
分泌物	① 加等量 10% 漂白粉或 1/5 量干粉，作用 1h； ② 加等量 0.5% 过氧乙酸，作用 30 ~ 60min； ③ 加等量 3% ~ 6% 来苏儿液，作用 1h	① 加等量 10% ~ 20% 漂白粉或 1/5 量干粉，作用 2 ~ 4h； ② 加等量 0.5% ~ 1% 过氧乙酸，作用 30 ~ 60min
畜禽舍、运动场及舍内用具	① 污染草料与粪便集中焚烧； ② 畜舍四壁用 2% 漂白粉澄清液喷雾（200mL/m³），作用 1 ~ 2h； ③ 畜圈及运动场地面，喷洒漂白粉 20 ~ 40g/m²，作用 2 ~ 4h；1% ~ 2% 氢氧化钠溶液，5% 来苏儿溶液喷洒 1000mL/m³，作用 6 ~ 12h； ④ 甲醛熏蒸，福尔马林 12.5 ~ 25mL/m³，作用 12h； ⑤ 0.2% ~ 0.5% 过氧乙酸、3% 来苏儿喷雾或擦拭，作用 1 ~ 2h； ⑥ 2% 过氧乙酸熏蒸，用量 1g/m³，作用 60 min	① 甲醛熏蒸法（同细菌性传染病）； ② 2% 过氧乙酸熏蒸，用量 3g/m³，作用 90min（80℃）； ③ 0.5% 过氧乙酸或 5% 漂白粉澄清液喷雾，作用 1 ~ 2h； ④ 乳酸熏蒸，用量 10mg/m³ 加水 1 ~ 2 倍，作用 30 ~ 90min

消毒对象	消毒方法及消毒剂用量	
	细菌性传染病	病毒或真菌性传染病
饲槽、水槽	① 0.5% 过氧乙酸浸泡 30 ~ 60min； ② 1% ~ 2% 漂白粉澄清液浸泡 30 ~ 60min； ③ 0.5% 季铵盐类消毒剂浸泡 30 ~ 60min； ④ 1% ~ 2% 氢氧化钠热溶液浸泡 6 ~ 12h	① 0.5% 过氧乙酸液浸泡 30 ~ 60min； ② 3% ~ 5% 漂白粉澄清液浸泡 30 ~ 60min； ③ 2% ~ 4% 氢氧化钠热溶液浸泡 6 ~ 12h
运输工具	① 0.2% ~ 0.3% 过氧乙酸或 1% ~ 2% 漂白粉澄清液，喷雾或擦拭，作用 30 ~ 60min； ② 3% 来苏儿或 0.5% 季铵盐喷雾擦拭，作用 30 ~ 60min	① 0.5 ~ 1% 过氧乙酸、5% ~ 10% 漂白粉澄清液喷雾或擦拭，作用 30 ~ 60min； ② 5% 来苏儿喷雾或擦拭，作用 1 ~ 2h； ③ 2% ~ 4% 氢氧化钠热溶液喷洒或擦拭，作用 2 ~ 4h
工作服、被服、衣物织品等	① 高压蒸汽灭菌，121℃，15 ~ 20min； ② 煮沸 15min（加 0.5% 肥皂水）； ③ 甲醛 25mL/m³，作用 12h； ④ 环氧乙烷熏蒸，用量 2.5g/L，作用 2h； ⑤ 过氧乙酸熏蒸，1g/m³ 在 20℃ 条件下，作用 60min； ⑥ 2% 漂白粉澄清液或 0.3% 过氧乙酸或 3% 来苏儿溶液浸泡 30 ~ 60min； ⑦ 0.02% 碘伏浸泡 10min	① 高压蒸汽灭菌，121℃，30 ~ 60min； ② 煮沸 15 ~ 20min（加 0.5% 肥皂水）； ③ 甲醛 25mL/m³ 熏蒸 12h； ④ 环氧乙烷熏蒸，用量 2.5g，作用 2h； ⑤ 过氧乙酸熏蒸，用量 1g/m³，作用 90min； ⑥ 2% 漂白粉澄清液浸泡 1 ~ 2h； ⑦ 0.3% 过氧乙酸浸泡 30 ~ 60min； ⑧ 0.03% 碘伏浸泡 15min
接触病羊人员手消毒	① 0.02% 碘伏洗手 2min 清水冲洗； ② 0.2% 过氧乙酸泡手 2min； ③ 75% 酒精棉球擦手 5min； ④ 0.1% 新洁尔灭泡手 5min	① 0.5% 过氧乙酸洗手，清水冲净； ② 0.05% 碘伏泡手 2min，清水冲净
办公用品污染	① 环氧乙烷熏蒸，2.5g/L，作用 2h； ② 甲醛熏蒸，福尔马林用量 25mL/m³，作用 12h	同细菌性传染病
医疗器材	① 高压蒸汽灭菌 121℃，30min； ② 煮沸消毒 15 min； ③ 0.2% ~ 0.3% 过氧乙酸或 1% ~ 2% 漂白粉澄清液浸泡 60min； ④ 0.01% 碘伏浸泡 5 min； ⑤ 甲醛熏蒸，50mL/m³，作用 1h	① 高压蒸汽灭菌 12℃，30min； ② 煮沸 30 min； ③ 0.5% 过氧乙酸或 5% 漂白粉澄清液浸泡，作用 60min； ④ 5% 来苏儿浸泡 1 ~ 2h； ⑤ 0.05% 碘伏浸泡 10min

第三节 养羊场综合消毒措施

一、防疫的基本原则

消毒是贯彻"预防为主，防重于治"方针的综合防病措施之一。综合防病措施主要包括：场址选择、羊舍设计、配套建筑物的合理布局、科学饲养管理、清洁环境的创建、计划免疫接种和科学的免疫程序等。综合配套措施主要包括：疫情报告、检疫、监测、诊断、隔离、消毒、淘汰和尸体处理等。

二、预防性常规消毒措施

① 做好羊场环境、圈舍的卫生消毒工作，坚持经常性的杀虫、灭鼠工作。做好粪便、垃圾等无害化处理。

② 加强饲养管理，增强羊的抗病能力。注意饲料、饮水的品质和卫生。加强防寒保暖、注意防暑降温。

③ 坚持自繁自养，实行全进全出式的饲养制度。

④ 坚持预防接种和补种工作。

⑤ 严格执行经常性卫生防疫制度，由卫生防疫专业人员和场主管领导订立具体的"养殖场卫生消毒防疫规则"，并要求全场职工认真遵守执行"规则"。

⑥ 养羊场卫生消毒防疫规则：a.进入生产区的职工都要在消毒室内洗澡消毒，更换消毒过的工作服和鞋帽后，方能进入场区；b.外来车辆必须经

过消毒池消毒，车体部分要经过彻底喷雾或淋浴消毒后方准进入生产区；c.种畜场谢绝参观，非生产人员不得进入生产区；d.场门消毒池消毒液要求5d更换1次，一般不能超过1周；e.保持羊舍的清洁卫生，饲槽、饮水器定期洗刷消毒，地面要保持清洁、干燥，并定期进行常规消毒，羊舍要保持空气新鲜、日照充足、通风良好，并保持适当温度；f.进羊前、出售后或转群时，圈舍及用具应彻底进行消毒，并在消毒后空闲一定时间（3～5d）再进羊；g.清理场内卫生死角，消灭蚊、蝇，清除蚊、蝇滋生地；h.饲养人员必须坚守岗位，自觉遵守防疫制度，严禁串舍，各舍内设备、器具固定使用，不准互相串用。

三、发生疫病羊场的防疫措施

① 及时发现，快速诊断，立即上报疫情。

② 确诊病羊，迅速隔离。如发现一类和二类传染病暴发或流行（如口蹄疫、痒病、蓝舌病、羊痘、炭疽等），应立即采取封锁等综合防疫措施。

③ 对易感羊群进行紧急免疫接种，及时注射相关疫苗和抗血清，并加强药物治疗、饲养管理及消毒管理。提高易感羊群抗病能力。

④ 对已发病的羊只，在严格隔离的条件下，及时采取合理的治疗，争取早日康复，减少经济损失。

⑤ 对污染的圈、舍、运动场及病羊接触的物品和用具都要进行彻底的消毒和焚烧处理。

⑥ 对传染病的病死羊和淘汰羊要严格按照传染病羊尸体的卫生消毒方法，进行焚烧后深埋。

第八章
养牛场消毒技术

第一节 养牛业消毒进展简述

　　对养牛场进行消毒的目的，就是将养牛场中各种传染媒介上的病原微生物杀灭或清除，使之无害化。病原微生物由传染源排出后，可在自然界存活一定的时间，其长短随种类和环境而定。病原微生物在自然界存活越久，其引起危害的概率就越大。为了防止这些病原微生物的扩散，预防各种危害奶牛和肉牛传染病的发生和流行，消毒工作就显得尤为重要。养牛场消毒包括清扫、高温、日晒、废物的生物发酵、化学药物消毒等，它是贯彻"预防为主"方针的一项重要措施。消毒的成功与否直接影响肉牛和奶牛的机体健康及生产性能，也直接影响到肉牛和奶牛的疫病防治效果。

　　纵观养牛业消毒发展的历史，可以发现与其他家畜消毒发展历史的相似性。在传统的农业生产中，牛一般都是作为使役用的，品种多为本地的黄牛、红牛、水牛等，饲养方式为户养或村集体养殖，数量少、流动范围小，在衰老或疾病难愈时宰杀食肉，无育肥可言。这时，疾病的发生一般为个体或小群体的内科病和中毒病，如前胃疾病、胃肠炎、热射病、有机物毒等，很少有大的群体性的传染病发生，区域较为局限。随着我国现代化农业生产的发展，肉牛和奶牛饲养群结构发生了根本性的变化，牛由传统的役用变成了肉用，由地方黄牛变成了杂交改良品种。饲养模式也由原来的单一农户饲养变成了今天的规模饲养，这一切使得原来在散养中较为少见的一些侵袭性疾病和营养性疾病逐渐增多。同时，由于异地育肥、饲养等生产经营方式的多样性，使得不同省、市和不同县、乡间的牛群交流频繁，为病原体的扩散和疫病的传播提供了途径，使得肉牛和奶牛的发病率和死亡率呈现上升趋势，炭疽狂犬病、布氏杆菌病、口蹄疫、牛黏膜病等烈性传染病也时有发生。据统计，我国每年因各种疾病死亡的肉牛不少于100万头，发病不少于500万头，直接经济损失超过25亿元。另一个非常重要的因素是，在目前的市场经济调节作用下，经济效益已经成为养殖场生存和发展的决定因素，饲养牛群发病率和死亡率的上升，严重地影响了奶牛和肉牛饲养场的经济效益，有时甚至直接关系到奶牛和肉牛饲养场的生存。因此，以消毒为基本手段和方法，结合其他疫病防治措施预防各种疫病的发生，日益受到肉牛和奶牛饲养者的重视。

目前在养牛业中所采用的消毒法也在向具有减少应激反应、减少毒副作用、减少药物残留等方向发展。另外，食品和药品安全的要求越来越高，决定了药物的研发方向就是低毒、低残留或无毒，目前复合型药物的不断应用，使得消毒药物对病原体的杀灭作用也越来越强，为养牛场合理、有效地消毒奠定了物质基础；同时，鉴于目前外部环境污染的日趋严重、各种致病菌混合感染等不利因素的影响，采取不同的消毒方式也是保证良好消毒效果的前提和必要措施。

对养牛场采用合理的消毒程序、保证消毒药的作用，可以使消毒成为消灭传染源、切断传播途径的有力手段，因此，消毒在整个疫病的控制方面有着不可替代的作用。在实际生产当中，对消毒环节重视程度的高低，直接影响到肉牛和奶牛疫病的控制效果，采用科学的方法、合理的程序，再加上完整的防疫措施、先进的卫生管理、适宜的免疫和药物治疗，将会很好地控制疫病的发生，增加肉牛场和奶牛场的经济效益和社会效益。

第二节 环境消毒

一、场地及牛舍建设的防疫要求

（一）养牛场场址的选择

牛场的场址选择要有长远的打算和全盘考虑，并且要符合当地土地利用发展规划和村镇建设规划要求。地势要高燥平坦，在有山坡的地方建场，应选择向阳坡，坡度不超过 20°；其次要水源充足，取用方便，水质符合规定要求，电力供应稳定可靠。场址应位于居民区及公共建筑群的下风向处，交通便利，利于产品供给及输出。场址距居民区、其他畜牧场、畜品加工厂应当不少于 1000m。在水资源保护区、旅游区、自然保护区、环境污染严重区、畜禽疫病常发区及洪涝威胁地段不得建场。一般养牛场的规格尺寸如下图所示（单位：cm）。

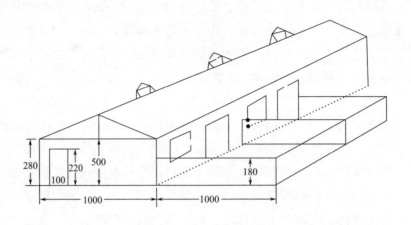

（二）牛场的建设

1. 布局

场内各种建筑物的总体布局应本着因地制宜和便于科学管理的原则，统一安排，合理布局。建筑设施按生活管理区、生产区和隔离区布置，各功能区界限分明，区域间距不少于50m，并有防疫隔离带或隔离墙。生活管理区应设在主导风上风向处，主要包括生活设施、办公设施、与外界接触密切的生产辅助设施（消毒池等），设主大门。生产区设在场区中间，主要包括牛舍与有关辅助设施。辅助设施包括饲料库、饲料加工车间、青储池、草垛等。饲料库、草垛、饲料加工车间应设在牛舍与生活区之间。隔离区设在场区下风向处，主要包括兽医室、隔离牛栏、储粪场、污水池和装卸牛台。兽医室和隔离牛栏应设在距牛舍50m以外的地方，设有后门。道路与外界应有专用道路相连通。场内道路分净道和污道，两者严格分开，不得交叉、混用。有条件的地方可设草场，安排在生产区附近。

2. 建筑设计

牛舍的设计，超过20头牛的饲养规模，以对头双列式最为经济合理。双列式牛舍内径9m，采用对头式饲养，每栋牛舍长35m，宽9.5m，养肉牛 48 ~ 64 头。每栋牛舍安排 1 位饲养员，便于管理，责任明确。牛舍的设计包括门窗、牛床、粪沟、通道等。牛舍门高 260cm，宽 220cm，通道两端的门高 200cm，宽 160cm。窗户宜南窗大北窗小，北窗高为 80cm，宽为 120cm，南窗高为 160cm，宽为 120cm，窗台与地面距离为 120cm，便于冬天保暖，夏天通风防暑。粪沟设在北墙基部和南墙基部，粪沟宽 30cm，深 15cm，牛床向粪沟倾斜 2°；粪沟的设计应向储粪池一端倾斜 2° ~ 3°。

3. 牛床

牛床是肉牛和奶牛采食、挤奶和休息的场所。应具有保温、不吸水、坚固耐用、易清洗消毒等特点，一般做成坡度为 1° ~ 1.5° 的水泥地面。一般情况下，产奶牛的牛床长度为 170cm，宽 120cm；初孕与育成牛牛床长度 160 ~ 170cm，宽 100cm；牛犊的牛床长度为 120cm，宽 100cm。

4. 栏

为防止牛横卧、争食，通常用钢管制成隔栏，前端连拴牛梁，后端固定于牛床 2/3 处。饲槽通常位于牛床前部，通常为通槽，其长度与牛床总宽相符，饲槽内为半弧形，必须坚固、光滑、耐磨、耐酸、易清洗。牛饲槽后缘设有专用钢管，利用铁链或绳索将牛拴在牛挂系架上，牛上下左右有一定的活动范围，采食休息较为方便。

5. 饲料通道

位于饲料槽外侧，一般宽度为 1 ~ 1.2m。

6. 粪尿沟

牛床与清粪通道之间设粪尿沟，通常明沟宽度为 20 ～ 30cm，深度为 5 ～ 15cm，粪尿沟应与牛舍内排水沟相通，从起端至下水道应有一定的坡度。

7. 清粪通道

位于两牛床与粪尿沟中间是奶牛出入、挤奶和清粪的通道，一般宽度 1.5 ～ 2m，路面有大于 1° 的坡度。

8. 门窗

为便于牛群安全出入，牛舍门的尺寸为：产奶牛舍宽度 1.8 ～ 2m，高 2.2 ～ 2.5m；犊牛舍宽 1.5 ～ 1.6m，高 2 ～ 2.2m。牛舍前后均应开窗通风，牛舍窗口大小一般为地面面积的 8%，有效采光面积约为牛舍地面的 1/12。

9. 附属设施

生产区的附属设施包括运动场、围栏、凉棚、储水池通道、消毒池下水道、粪尿池和运动场。运动场是奶牛运动、休息、乘凉的地方，同时在这里补充饲料、饮水，一般设在牛舍的南方，与牛舍相距至少 5m。各年龄段奶牛平均运动场占地面积分别为：产奶牛 20m²，怀孕及育成牛 15m²，牛犊 10m²。运动场以夯实的泥土整修平坦，靠近牛舍侧略高，其余方向稍低，坡度 1.5°。运动场周围设有围栏，包括横栏与栏柱，围栏必须坚固，栏高 1 ～ 1.2m，栏柱间距为 1.5 ～ 2m。运动场边应设有饮水池，池内保持有水，还应设有食槽，便于给奶牛补饲。运动场内应设有凉棚，以防雨雪及太阳直晒，每头奶牛的凉棚面积 3.4m²。

10. 通道消毒池

生产区与外界之间应有硬化道路连接，进入生产区处应设有消毒池，消毒池底部坚固干燥，不透水。车进入生产区内须进行消毒，一般消毒池长 3.8m，宽 3m，深 0.15m，池内应保持有足够有效消毒浓度的消毒液。

二、新建养牛场的环境消毒

对牛舍进行仔细地机械清扫,采用清扫、洗刷、通风等方法将垃圾清除。大量喷洒热灰碱液,并用新鲜的石灰粉刷墙壁、舍棚等。不易燃的牛舍,也可采用焚烧法,即将地面、墙壁用喷火器进行消毒,这种方法能消灭抵抗力强的致病性芽孢。

三、健康牛场的预防性消毒

牛舍、运动场、围墙、用具、办公室及宿舍,可使用 3% 漂白粉溶液、3%～5% 硫酸石炭酸合剂热溶液、15% 新鲜石灰混悬液、4% 氢氧化钠溶液、3% 克辽林乳剂或 2% 甲醛溶液等进行消毒。为了节约用药、降低成本,可采用热草木灰水(30 份草木灰,加 100 份水,煮沸 20～30min,滤取草木灰水)进行消毒。仓库及饲槽消毒应选用没有气味的药品。在针对某种传染病进行预防消毒时,须选择适宜的药品和浓度,每次消毒都要全面彻底。

四、感染牛场的消毒

首先确定病原微生物种类,选择适宜的消毒药品、适宜的浓度,对运动场、牛舍地面、墙壁和运输车辆等进行全面彻底的消毒,对饲槽、饮水器具等用消毒药品消毒。先将粪便、垫草、残余饲料、垃圾加以清扫,堆放在指定地点,发酵处理或焚烧及深埋。对地面、墙壁、门窗、饲槽用具等进行严格的消毒或清洗,对牛舍进行气体消毒,每立方米空间应用福尔马林 25mL,水 12.5mL,高锰酸钾 12.5g,先把水和福尔马林置于金属容器中混合后,再将事先称好的高锰酸钾倒入,立即有甲醛气蒸发出来,消毒过程中应将门窗关闭,经 12～24h 后再打开门窗通风。熏蒸消毒之前,应将牛牵出,并把舍内用具搬开,以达气体消毒目的。对污染的地面,首先使用 10% 漂白粉溶液喷洒,然后掘起表土 30cm 左右,撒上漂白粉,与土混合后将其深埋。如为水泥地面,使用消毒液喷洒消毒。对

待污染的牧场也可使用阳光曝晒的方法或种植对病原微生物有杀灭作用的植物，如葱、蒜、小麦、黑麦等，净化土壤。

　　发现传染病病牛，应该迅速隔离，对危害较重的传染病应及时封锁，进出人员、车辆等要严格消毒，要在最后一头病牛痊愈后2周内无新病例出现后，再全面大消毒，经上级部门批准后方可解除封锁。增加消毒次数，对疑似和受威胁区的牛群进行紧急预防接种，并采取合理治疗等综合防治措施，以减少不必要的经济损失。对病牛或疑似病牛使用过的和剩余的饲料及粪便、污染的土壤、用具等进行严格消毒。病牛或疑似病牛用过的草场、水源等，禁止健康牛使用，必要时要暂时封闭，在最后一头病牛痊愈或屠宰后，经过一定的封锁期，再无新病例发生时，方可使用。

第三节　器具消毒

　　牛舍内料槽、水槽以及所有的饲养用具，除了保持清洁卫生外，还要每天刷洗，每15d左右用高锰酸钾水消毒1次，每个季度要大消毒1次。牛舍的饲养用具，各舍要固定专用，不得随便串用，用后应放在固定的位置。饲槽消毒时要首先选用没有气味、不会引起中毒的消毒药品。

第四节　牛体表消毒

　　牛体表消毒主要针对体外寄生虫侵袭的情况。养牛场要在夏、秋季进行全面的灭蝇工作，并各检查 1 次虱子等体表寄生虫的侵害情况。对蠕形螨、蜱的消毒与治疗见下表。

蠕形螨、蜱的消毒与治疗

寄生虫	药剂名称及用量	注意事项
蠕形螨	14% 碘酊涂擦皮肤，如有感染，采用抗生素和注射台盼蓝	定期用苛性钠溶液或新鲜石灰乳消毒圈舍，对病牛舍的围墙用喷灯火焰杀螨
蜱	0.5% ~ 1% 敌百虫、氰戊菊酯、溴氰菊酯溶液喷洒体表	注意药量，注意灭蜱和避蜱放牧

第五节　妊娠期及哺乳期母牛与奶牛的消毒保健

一、妊娠期母牛的消毒保健

母牛进入妊娠期后，除进行常规的消毒外，必须加强管理，牛舍内要经常保持安静、清洁干燥、采光良好。饲草应当柔软、干燥，并定期更换。饮水槽要定期清理消毒，要经常保持有足够的清洁饮水。助产时术者指甲必须剪短磨光，手指和手腕、母牛的阴门及其周围以及器材等应实行严格消毒。坚持定期消毒的原则，避免有害微生物污染母牛乳房及乳汁，从而引起牛犊疾患。

二、初生期牛犊的消毒保健

初生期牛犊的生理功能和抗御能力还不健全，所以，要特别注意圈内的保温、防潮工作，可在产圈里垫软干草，平时要特别注意牛犊的卫生管理，周围的器具、垫草等要消毒处理。

三、奶牛乳房的卫生保健

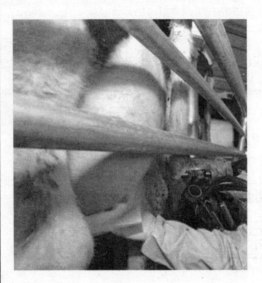

经常保持牛床及乳房清洁，挤奶时，必须用清洁水（在 6 ~ 10 月份，水中可以加 1% 漂白粉或 0.1% 高锰酸钾溶液等）清洗乳房，然后用干净的毛巾擦干。挤完奶后，每个乳头必须用 3% ~ 4% 次氯酸钠溶液等消毒药浸泡数秒。停乳之前 10d 要进行隐性乳房炎的监测，如发现"++"以上阳性反应的牛要及时治疗，在停乳前 3d 内再监测数次，阴性反应的牛方可停乳。停乳时，应采用效果可靠的干乳药进行药物快速停乳。停乳后继续药浴乳头 1 周，预产前 1 周恢复药浴，每天 2 次。

四、奶牛蹄部的卫生保健

每天坚持清洗蹄部数次，使之保持清洁卫生。每年春、秋季各检查和修整蹄 1 次，对患有肢蹄病的牛要及时治疗。每年蹄病高发季节，每周用 5% 硫酸铜溶液喷洒蹄部 2 ~ 3 次，以降低蹄部发病率。牛舍和运动场的地面应保持平整，随时清除污物，保持干燥。严禁用炉灰渣或碎石子垫运动场或奶牛的走道。要经常检查奶牛日粮中营养平衡的状况，如发现有问题要及时调整，尤其是蹄病发病率达 15% 以上时，更要引起重视。禁用有肢蹄病遗传缺陷的公牛精液进行配种。

第六节 养牛场常用消毒剂及其使用

一、常用消毒剂的名称与使用方法

（一）烧碱

1%～2%烧碱水溶液用于消毒圈台、饲槽、运输工具；3%～5%烧碱水溶液用于炭疽芽孢污染场地的消毒。烧碱水溶液对金属物品有腐蚀作用，消毒完毕要用水冲洗干净；对皮肤、被毛、衣物有强腐蚀和损坏作用，使用时注意自身防护；对于圈台和食具消毒时，须空圈或将牛移出，消毒后间隔半天用水冲洗地面、饲槽，然后方可让牛入圈。

粗制烧碱液由于价格较低，常代替精制氢氧化钠用作消毒药，加水稀释时要注意不要溅出药液，以免烧伤皮肤。用木棍搅动，不可用手接触药液。

（二）草木灰水

用新鲜干燥的草木灰10～15kg，加水50L，煮沸20～30min，边煮边搅拌，去渣使用，一般可用于地面消毒。其成分主要是氢氧化钾或碳酸钾，消毒效果同1%～2%烧碱。

（三）甲醛

2%～5%甲醛用于畜台、地面、用具、墙壁及排泄物的消毒，可用喷洒消毒和熏蒸消毒。1m³ 容积用甲醛 25mL 加等量水。加热使其挥发成气体或加入 25g 高锰酸钾熏蒸消毒。

（四）强力消毒灵

强力消毒灵是一种强力、速效、广谱，对人畜无害、无刺激性和腐蚀性的消毒剂。可带畜消毒，易于储运、使用方便、成本低廉，不使衣物着色是其最突出的优点。对细菌、病毒、真菌均有强大的杀灭作用。广泛用于各种环境、场所、圈台、用具、车辆等的消毒。使用时按比例加水溶解，配成消毒液，进行浸泡、喷洒、喷雾、熏蒸消毒。密闭保存于干燥阴凉处，应现配现用。

常规消毒每 50L 水加该品 25 ~ 50g。对常见病毒消毒每 50L 水加该品 65 ~ 165g；对真菌、口蹄疫病毒每 50L 水加 250 ~ 500g。其他消毒：①喷雾，每 50L 水加 250g，只需喷至物体表面湿润或每立方米空间 15mL；②饮水消毒，每 50L 水加 5g；③熏蒸，每立方米空间用 1 ~ 5g；④粪便消毒，每 50L 粪便加 10g，对污染严重者也可适当加大剂量。

（五）过氧乙酸

0.5% 过氧乙酸溶液用于喷洒消毒圈台、饲槽、车辆等。该品稀释后不能久储，1% 溶液只能保存几天，应现用现配。对金属有腐蚀性，对有色棉织品有漂白作用。蒸气有刺激性，消毒圈台时人畜不能留内。

（六）百毒杀

百毒杀具有速效和长效双重效果，能杀灭细菌、真菌、病毒、芽孢和球虫等。150mg/kg 用于圈台、环境喷洒或设备和器具洗涤、浸泡消毒，预防传染病的发生；250mg/kg 在传染发生季节或附近养殖场发生疫病时用于圈台喷洒、冲洗消毒；500mg/kg 在病毒性或细菌性传染病发生时用于紧急消毒。

二、消毒工作中应避免的几个误区

（一）未发生疫情可不进行消毒

消毒的主要目的是消灭传染病的病原体。在肉牛和奶牛养殖中，有时没有看到疫病发生，但外界环境存在传染源，传染源会释放出病原体。如果没有严密的消毒措施，病原体就会通过空气、饲料、饮水等途径入侵易感牛，引起疫病的发生。如果没有及时消毒、净化环境，环境中的病原体就会越积越多，达到一定程度时，就会引发疫病流行。因此，未发生疫情也要进行消毒。

（二）已经消毒就不会发生疫情

经过消毒，并不一定就能收到彻底的消毒效果，这与选用的消毒剂和消毒质量有关；有许多消毒剂存在消毒盲区，况且许多病原体可以通过空气、飞禽、老鼠等媒体传播，即使再严密的消毒措施也很难全部切断传播途径。因此，除了进行严密的消毒外，还要结合养殖情况，有计划地进行免疫接种。

（三）消毒剂气味越浓消毒效果越好

消毒剂效果的好坏，不取决于气味，而是看其杀菌、杀病毒的能力。有许多好的消毒剂，如双季铵盐类、复合碘类消毒剂是没有什么气味的，相反有些气味浓的消毒剂，存在着消毒盲区，且气味浓对畜体呼吸道有一定的伤害，易引起呼吸道疾病。

（四）长期使用单一消毒剂

细菌、病毒对药物会产生耐药性，对消毒剂也可能产生耐药性。因此，最好用几种不同类型的消毒药交替使用，用正确的消毒方法对畜禽及其环境进行严密消毒，防患于未然。

第九章
其他类型养殖场消毒技术

第一节　肉狗养殖场的消毒

一、肉狗养殖场消毒现状

随着我国改革开放和市场经济的发展，我国居民消费的几种主要肉类产品市场供应已相当丰富，但狗肉的需求量还存在缺口，在需求增长的拉动下，肉狗养殖业也出现了良好的发展势头。在这一新兴产业蓬勃发展的同时，也不可避免地出现了阻碍其发展的众多影响因素，其中传染病的发生及防治技术水平则是肉狗养殖业停滞不前的重要因素。在规模养殖中，经常出现的犬瘟热、犬细小病毒病、犬传染性肝炎、犬副伤寒、狂犬病等烈性传染病，严重地影响了肉狗养殖的经济效益，其中的一些人畜共患传染病对人的健康和生命安全也造成严重的危害。疫病控制得好坏是关系到肉狗饲养的经济效益和社会效益的关键。因此，加强防疫消毒措施，从传染源、传播途径等多方面入手，预防和控制疫病流行，是防治和扑灭肉狗各种传染病的重要措施，同时也是保障人类健康的重要措施。

我国农村自 1978 年开展家庭承包经营以来，养狗业恢复得很快，1990 年前后形成的养狗热，一直持续升温波及广大农村的各个角落，一些肉狗养殖场应运而生，具有了大规模、集约化、工厂化生产的雏形。与此同时，在肉狗传染病的控制与预防过程中，也逐步体现出了集约化养殖业的特点，即消毒这一环节在整个防疫体系当中的作用越来越重要。随着产业的发展，肉狗养殖业的消毒工作也同其他一些集约化生产的肉类家畜相似，出现了一些新趋势。目前，采用传统的消毒方式已不能够满足生产的需求，较大规模的肉狗养殖场通常采用带狗消毒法，并尽量减少消毒对狗产生的应激反应，减少药物的毒副作用，减少药物残留。

1. 消毒药的使用

由于对动物性食品卫生安全的要求越来越高，消毒药的使用也在向低毒、低残留或无毒的方向发展。不能够满足上述要求的消毒药已逐渐被市场所淘汰。由于集约化饲养，消毒药的使用已经非常普遍。消毒药也由成分单一向复合型发展，适用范围越来越广，对病原体的杀灭作用也向着广谱、高效的方向发展。

2. 消毒药作用对象的扩展

由于历史原因，对犬类的消毒曾一度被忽视。但规模化生产模式的形成、外部环境污染的日趋严重、病原微生物变异产生的新致病微生物类型、混合感染防不胜防等多种因素，引起的疾病暴发日趋严重，惨痛的教训使得从业者逐步加强了对消毒工作的重视。正是上述原因，也促使从业者在肉狗生产中对消毒药物进行选择以及采取不同消毒方式，以求取得良好的消毒效果。在实际生产中，要根据病原体的不同、混合感染情况等多种因素，采用不同的消毒药和消毒方法。

3. 消毒程序的规范化

消毒程序直接影响消毒效果，合理的消毒程序是整个消毒环节当中的重要内容，可以保证消毒药作用的发挥。制订规范化的消毒程序是每个肉狗养殖场消毒工作的重要组成部分，同时使消毒工作程序化和制度化，在生产过程中，控制养殖环境的污染及对外界环境的污染，是肉狗生产企业防疫程序的重要组成部分和必须履行的职责。

二、饲养肉狗的准备工作

1. 场地的准备

大型肉狗养殖场应选择地势较高、干燥、平坦且稍有坡度的沙土地，背风向阳，夏季遮阴通风，冬季全日照温暖的地方。狗舍的地下水位应较低，避免低洼潮湿。狗舍应面向南或东南，并应在居民区的下风向，比较僻静的地方；水源充足、水质较好、交通方便、易供电，与住宅区、交通要道、畜禽饲养场、污水坑和化工厂等都要有一定距离。

2. 设施的准备

养狗有高密度圈养和工厂化集约笼养两种。

（1）高密度圈养法

按 $10m^2$ 一个圈，每圈养 10 ~ 12 条。公母分圈、分栏饲养。这样的好处是与外界隔离，环境安静，有利于防疫，便于饲养，省工省力，易于操作。据对照饲养，散养狗每条每天需熟食总量 1200g 以上，而圈养狗因活动减少，只需 800 ~ 1000g 就足够了，且增重速度还比散养提高 20% ~ 30%，出栏早 20 多天。

（2）工厂化集约笼养法

如果在有限的空间里大批量饲养，可采用竹、木、铁制笼具养犬。笼长 100cm，宽、高各 80cm，每笼 1 条。如需进一步加大密度，可上下两层立体饲养。这样的好处是，造价低，饲养密度大，容量多，易于管理，空气清新，光照充足，便于观察，有利于犬均匀取食和防疫防病。

3. 防疫的准备

狗的疾病有很多种，会引起大批发病、死亡，所以要十分重视。平时加强饲养管理，搞好狗舍的卫生，严格执行消毒制度，加强灭鼠，杀蚊、蝇等工作，防止病原体传播，加强检疫和预防接种。

三、环境消毒

1. 场地及狗舍的消毒

（1）场址的选择原则

饲养肉狗的场地要求地势高燥、地面平坦、排水良好，最好是背风向阳。北方平原地区，要选择地势较高、稍向东南倾斜的地方建造狗场。山区选址要在阳坡的上段建造狗场，以满

足排水良好、地面干燥、阳光充足的要求，避免严冬季节寒风侵袭。狗场要远离村庄和居民区，应在距离其 300m 左右的下风向和饮水水源的下游。狗场还要远离沼泽地，以避免外寄生虫和蚊子的骚扰和危害。同时距主要公路至少 300m 左右，以防病害侵袭。

狗场地面要求土质坚实，渗水性强，曾发生过恶性传染病的地方不能建场。沙质土壤渗水性比较好，但温度变化较快，对狗的健康不利；黏质土壤虽然土地结实，但渗水性能较差，常因阴雨造成道路泥泞难行，影响狗场生产正常进行；最好是选择黏土和沙质土的混合土，土质结实，渗水性也好，阴雨天气道路也不泥泞。对于小规模的庭院养狗，大多数是利用旧房、旧棚作狗舍。在其改造时，应加大窗户面积，改善通风状况，地面要作硬化处理，要求修造排污水沟。

狗场附近要有充足优质的水源，尤其山区建场，对保证用水要有充分把握，切不可不顾水源状况盲目建场。水源要求未受污染，如井水、泉水、江河流动水等。塘湾死水、旱井苦水，由于微生物、寄生虫比较多，污染严重，不能作狗场饮用水源。

（2）狗舍的建立

狗舍建造和设施配备是肉狗饲养中一个重要组成部分。它取决于肉狗饲养的规模、饲养的目的、饲养的方式。建成一个比较理想的狗场，要建造适宜的狗舍，配备高效的设备，这样可以有效地降低饲养成本，方便饲养管理，提高工作效率。

狗舍内部需要有适宜的湿度、温度和良好的通风条件，适于不同种类、年龄和生产性能的狗的生活和生产需要。一般密闭式狗舍，由于能基本上控制生活环境条件，所以，狗舍小气候比较稳定，受外界气候条件影响较小。而开放式狗舍，相应地窗户比较多，外围结构隔热性能较差，受外界气候条件影响较大，狗舍小气候不好控制，甚至基本上随外界的气候变化而变化。狗场内各个建筑物之间的距离要符合要求，防疫距离一般为 15m 以上。狗舍的建筑物包括狗房和活动场所、饲养人员和运输走道、合适的门窗、舍内固定设备以及舍外道路和围墙等。狗舍的面积大小、围栏的高低、狗舍高度、活动场所的面积等，要适合生产工作的需要，要保证狗能自由活动。

狗舍建筑与使用方面的一些基本数据为：狗舍的前后檐墙高度 1.6～1.8m，狗舍走道宽度 0.9～1.1m。种公狗单圈面积 4～4.5m²，怀孕后期种母狗单圈面积 3.5～4m²；怀孕前期、空怀母狗合群圈养时，每条狗

占圈舍面积 $2m^2$ 左右；青年狗合群圈养时，每条狗占圈舍面积 $1.5m^2$；幼狗合群圈养时，每条狗占圈舍面积 $1m^2$；哺乳母狗单圈饲养时，每条狗占圈舍面积 $4.5m^2$ 左右；育肥狗合群圈养时，每条狗 $1.5 \sim 2m^2$。透光面积与受光地面面积之比为 $1:3$；走道两端门的高度 $1.8m$，宽度要大于走道宽度。青年狗的固定食槽上口净宽 $15cm$，下口宽 $10cm$，每条狗槽位长度 $25cm$，深度 $8 \sim 10cm$。饮水槽一般用能活动的器具，以方便清刷。如修固定水槽，其上口宽度、高度较固定食槽减小一些即可。补饲栏高度 $45cm$，宽度 $50cm$，长度 $60cm$。补饲栏栏杆间距 $12cm$ 左右。母狗产床长度为 $1.3m$，宽度 $1m$，四周缘高 $20cm$。

（3）新建狗场的环境消毒

饲养前对狗舍进行维修及布局，在狗舍内建一个高约 $2m$ 的围墙，留一进出的门，狗舍内的一边建食盆、水盆固定台，在靠南侧舍外建一排粪沟，北面建一个高于地面 $3 \sim 5cm$ 的狗床。建好后，清除狗舍内门窗上的蜘蛛网及一切杂物，并在地面撒上生石灰以吸干地面的潮湿，用吸潮达到地面消毒的作用。然后关上门窗，每立方米空间用福尔马林 $20mL$、高锰酸钾 $10g$、水 $10mL$ 混合熏蒸消毒 $24h$，然后打开门窗通风 $1 \sim 2d$，再在狗床上铺以厚 $5 \sim 10cm$ 垫草（用 $1:100$ 的农乐消毒后晒干的），并在墙角放入一堆鲜干黄土（用 $1:300$ 的农乐消毒）。

（4）健康狗场的环境消毒

狗舍必须每天清扫 3 次，要随时清理粪便污物并冲洗干净，每月要进行 $1 \sim 2$ 次大清扫和 1 次栏舍消毒，每年春、秋季各进行 1 次彻底的大清扫和消毒。消毒时，应将狗临时牵到外面或转移到其他栏舍，喷洒消毒药半小时后，用清水冲洗地面待晾干后再将狗放入舍内。冬天勤除粪，适当减少冲洗次数，以保持相对的干燥。夏天每周喷消毒除虫剂 1 次，冬季换一批狗时，则彻底消毒 1 次。

（5）加强灭鼠工作

很多传染病及寄生虫病可通过鼠类、蚊蝇和其他动物传播。尤其是鼠类，不仅传播疾病而且还盗食饲料。灭鼠方法一般采用投毒饵法，在养殖场的生活区、办公室及饲料库、配料间以及邻近养殖场 $500m$ 范围内的农田、荒地、树林、河滩等都要同时进行灭鼠。投毒饵后，每天要检查鼠尸，集中深埋。

（6）感染肉狗场的环境消毒

当发生传染病、疑似传染病时，要严格消毒，对患病狗彻底更换舍内的铺垫物，用过的铺垫物集中焚烧。一般每周消毒2次，以后每周1次，连续60d。

2.饲料的消毒

饲料的消毒是在保存其营养价值和不改变饲料适口性的基础上，达到卫生、养分全、爱吃、易消化吸收的要求。饲料最好做到当天配制当天食完，不过夜，以免发生酸败，造成中毒或诱发其他疾病。

3.肉狗饲养场其他器具的消毒

饲养用具经常清洗、消毒。用过的食具、水盆要及时清洗。食盆、水盆每周要消毒1次，每次食剩的食物要倒掉，不要留在盆里，以免腐败，使狗食后得病。食具、水盆可用沸水煮20min、用0.1%新洁尔灭、2%～3%热碱水浸泡20min、用强力消毒灵或菌毒清等处理，最后用清水冲干净。要保证狗有充足的清洁饮水。

四、狗体表消毒

狗体要经常梳理、洗刷，以利于狗的健康，母狗梳洗更为重要。狗趾甲过长会使狗产生不舒适感，同时也容易损坏室内用具，有时过长的趾甲会劈裂，造成局部感染。因此，应定期用剪刀或指甲剪给狗修剪趾甲，并应锉平整，防止造成损伤。如果剪完后发现狗行动异常，要仔细检查趾部，发现伤处可用碘酊涂搽。成年狗要1个月修剪1次，对于哺乳期仔狗要经常修剪，以免在吃奶时抓伤母狗乳房或伤及其他仔狗。

1. 健康狗体表的预防性消毒

要定期喷除虫药，除掉体表寄生虫。夏天可用水冲洗狗舍，用水缓缓冲洗狗身，同时用刷子梳刷狗身，除去浮毛及秽物。刷子应每只狗单独使用。

2. 感染场的抗病消毒与治疗

（1）笼舍消毒

消毒前要先进行清扫，清扫时对干燥粪便和垫草要洒透消毒液，以防病原体随尘土飞扬散播，所清扫的污物应放在指定地点烧毁或深埋。清扫后，对肉狗的小室、食盆、水盒等，要选用适宜的消毒药进行消毒。

（2）粪便消毒

病狗的粪便常含有大量病原体，要经过堆积发酵 20 ~ 30d 的无害化处理后方可用作肥料。

（3）其他消毒

对饲养管理用具及运输工具等应进行消毒，饲养员和兽医防疫人员因经常接触病狗，应做好本身的防护和工作服、围裙、鞋帽等的消毒工作。

五、妊娠期及哺乳期母狗的消毒保健

1. 分娩时的消毒处理

一般分娩后，母狗会自行咬断仔狗的脐带和舔去仔狗身上的黏液。但产仔多时，需要人工助产。仔狗出生后，迅速用干毛巾擦去口中和身体上的黏液，促其呼吸，用消毒丝绒结扎脐带（根部留 2cm），用消毒剪刀从结扎处剪断脐带，并涂以 5% 碘酊，然后将仔狗收入产仔箱内，温度应保持 25℃，等全部产完后，再送回母狗怀里。

2. 哺乳期母狗的消毒保健

（1）母、仔狗的护理

哺乳母狗护理重点是被毛梳理、清洗，乳头消毒，产房卫生，户外活动，确保母、仔狗安静、舒适。认真搞好母狗的接（助）产和产后护理，以及对新生仔狗的保暖、护脐等常规护理和对失奶仔狗的人工哺乳等特殊护理工作。

（2）环境卫生

保持环境安静、光线稍暗，圈舍和狗床要干燥、卫生，及时更换潮湿、污染的垫料。在正常情况下，舍内每周用过氧乙酸喷雾消毒1次，消毒时不要弄湿仔狗的被毛和垫料，以免仔狗受凉。

六、肉狗粪便的消毒

1. 肉狗粪便的消毒

笼舍下面的粪便要及时运出场外，否则时间一长，粪便发酵散发臭味儿，有碍卫生，也容易通过粪便传播疾病。运出场外粪便的堆放地点至少要离肉狗场100m远，粪便上要覆盖一层泥土，进行生物热发酵，以杀死粪便中的微生物和虫卵。发生疫情时，病狗的排泄物必须深埋或焚烧。

2. 驱虫后肉狗粪便的消毒

狗的体内外寄生虫是很普遍的，为了提高和巩固驱虫效果，最好在驱虫前先进行1次粪便虫卵检查，根据检查结果应用相应的药物进行驱虫，这样会收到良好的驱虫效果。在驱虫期间要加强观察、检查，如有驱虫药中毒的狗应及时抢救。对驱虫期间狗排出的粪便要及时收集、堆沤发酵，以杀死虫卵和虫体，防止其再度感染狗。

七、怀疑传染病或死于传染病的肉狗尸体处理

1. 掩埋发酵

选择地势高、地下水位低及远离居民区、动物养殖场水源和道路的僻

静地方，挖 1 个 3m 深的坑，坑底撒布生石灰后放入狗的尸体，再撒 1 层生石灰，然后填土掩埋，经 3 ~ 5 个月生物发酵，即可达到无害化处理的目的。

2.焚烧

挖 1 个 3m 以上的深坑，内堆放干柴，狗的尸体放于柴上，倒上煤油点燃焚烧，直至尸体烧成黑炭为止，并将其掩埋在坑内。病狗或可疑病狗用过的垫料、污染的工具、粪便、狗舍、运动场地都要严格消毒，垫草和铺料要焚烧或深埋，以消除环境中的病原体。患传染病及疑似传染病而死亡的狗，须经兽医检查，根据规定，分别做无害化处理或深埋。

八、肉狗饲养场常用消毒剂及其使用方法

肉狗饲养场可用的消毒剂很多，如福尔马林、来苏儿、漂白粉、生石灰、草木灰等，要根据病原微生物的种类和对消毒药物抵抗力的强弱，选用不同消毒药和消毒方法。要从经济适用的角度来考虑用药，如生石灰、草木灰用于墙壁、地面等环境的消毒，既实用又经济。

肉狗饲养场用消毒药消毒时注意以下几点：①消毒药物的浓度与消毒效果呈正比，必须按规定浓度使用；②药物温度增高，可加强消毒效果；③消毒药物与病原体接触时间长可提高消毒效果。另外，消毒药液的用量必须充足，通常对墙壁、地面消毒每平方米使用药液 50 ~ 100mL 为宜。新洁尔灭和洗必泰在使用时要避免与阴离子表面活性剂（如肥皂、合成洗涤剂等）合用。肉狗饲养场常用的消毒剂及其使用方法见下表。

肉狗饲养场常用的消毒剂及其使用方法

消毒剂	使用浓度	使用对象	注意事项
漂白粉	粉末，1%～20%溶液	用于狗舍、地面、水沟、粪便、运输工具以及水井的消毒	
氢氧化钠	常用1%～4%热水溶液	用于被细菌、病毒污染过的用品或环境消毒	金属器械和笼子不能用，易造成腐蚀
石灰乳	用1份生石灰加入1份水制成的熟石灰，再用水配成10%～20%混悬液	用于地面、粪便消毒	只能储存数小时，时间过久则失效，需现用现配
来苏儿	1%～2%或5%～10%	1%～2%溶液用于手、皮肤、器械消毒，5%～10%溶液用于狗舍、用具、排泄物消毒	剧毒，小心勿食
新洁尔灭	0.5%～1%	浸泡外科手术器械及手，擦洗狗皮肤	
酒精	75%	用于皮肤及器械消毒	不能用于黏膜消毒
洗必泰	0.02%～0.1%	0.02%～0.1%作用强于新洁尔灭。0.02%用于手面消毒，0.1%加0.5%亚硝酸钠用于器械消毒	
甲醛	2%	用于器械消毒，熏蒸消毒	
过氧乙酸	0.5%	用于环境、用具消毒	

第二节　水貂、貉、狐和鹿养殖场的消毒

一、环境消毒

1. 场址的选择

选择场址要考虑卫生防疫要求。首先考虑气候的影响，根据北方冬季

严寒和经常受西北主风侵袭的气候特点，原则上选择在地势高燥、避风向阳（南向或东南向）、土质坚实、排水良好的地方建场。场所周围不要栽植密林，有利于充足的光线照射地面。在草原要选择在地势高燥、水源充足之处建设鹿场，为缓解主风的侵

袭，场址西北方向须营造防护林带作为屏障。在江河沿岸建场，场区最低点必须高于江河的源水位。其次建场前要考虑水源，应优先考虑利用地下水源（井水、泉水），因为江河等地上水源的流域环境复杂，易受污染，应尽量避免应用。最后应考虑场地附近的卫生条件和疫情，有过疫情历史的地方不宜再建场；在牧场旧址建场应慎重处理，鹿不能与牛、羊、猪共同使用放牧地和采草场。同时，应远离畜牧场及养禽场，以预防同源疾病的相互传染，如果当地发生过畜禽传染病，场地必须经过严格的消毒灭菌处理，符合卫生防疫要求后方可在此建场。为了便于清扫及排除污水，兽舍适宜建在沙土、沙壤土等透水性良好的地方，黏土等透水差的地方不适宜建场。

2. 健康水貂、貉、狐和鹿场的环境消毒

为了预防传染病，要对健康鹿、貉、狐和水貂场进行经常性的消毒，鹿、貉、狐和水貂场应经常保持清洁，笼箱中及地面上的粪便，应每天清扫1次，春秋两季要各做1次彻底消毒工作，每周至少要对周围环境消毒1次。消毒药物有：3%来苏儿、2%～5%火碱、10%漂白粉、10%～20%石灰乳剂，通常按泥土地面每平方米1000mL溶液，水泥地面每平方米500mL溶液，喷雾或泼洒。在每年产仔和仔兽分窝前，笼舍应用3%来苏儿或苛性钠，或用喷灯火焰消毒1次。饲料加工用工具、食盆、水盒、塑料桶等定期用0.1%高锰酸钾浸泡或煮沸消毒，饲料室与鹿、貉、狐和水貂场附近环境也应定期消毒，并开展灭蝇工作。

3. 感染或疑似感染传染病时的消毒

当发生传染病或疑似传染病时，要严格消毒。并要及时确诊，准确上

报疫情，对兽群进行封锁，对病兽进行隔离。隔离场内每天消毒 1 次，如对用具、笼、小室等用喷灯火焰消毒；饲具用 4% 火碱煮沸消毒；地面用 3% 漂白粉或石灰乳消毒。尸体要烧毁，彻底淘汰带病原体的病兽。在带毒期间严禁兽类输入或输出，待经过反复多次消毒后，带毒期已过，方可重新引进健康鹿、貉、狐和水貂。对于污染场来说，在重新引种之前可以空舍，对现场进行彻底清扫，将污染物堆积到一起，进行焚烧和深埋，然后用水冲洗饲养舍后，根据不同的病原特点进行消毒。目前比较经济而又有效的消毒方法是用 3% 氢氧化钠溶液喷洒地面和墙壁，对于其他的设施，如果喷雾消毒不能够奏效，可用熏蒸的方法进行消毒。消毒后饲养舍要空闲 1 周以上。有条件的可以检查消毒效果，如果消毒效果不合乎要求，可以再消毒 1 次。

喷雾消毒应注意先关闭门窗，在消毒过程中应先消毒入口，然后喷洒地面。消毒要按一定顺序进行，先喷洒地面，后喷洒饲养舍两边的墙，逐段进行；喷洒完后，再喷洒一遍地面，边喷边退出。喷洒消毒药时，应稍有重叠，避免场中留空隙。喷洒时应该由上而下，由左往右，不要来回上下乱喷，墙消毒完后，可把喷头朝上，向空中喷洒一遍。喷雾要求药点要细而匀，并将喷洒面全部湿润，点与点之间没有空白，药液不往下滴，一般墙面每平方米用药 150 ~ 200mL，地面 300 ~ 400mL。擦抹消毒应注意至少反复擦抹 3 次。用药应使消毒表面湿润而药液不滴下为度。擦抹时应从左到右，从上到下，有顺序地进行，避免遗漏。熏蒸消毒时应注意要关闭门窗，达到基本不漏气。消毒对象的表面要充分暴露，要控制好消毒的温度、湿度和时间。用火加热时要防止火灾。

工作人员在进行消毒时，应穿上特定的工作服，戴口罩。接触污染物品后应在工作进行完后立即洗手消毒，洗手可用 0.2% 过氧乙酸或 2% 煤酚

皂溶液浸洗 1 ~ 2min，然后用肥皂、流水清洗。

（1）笼舍消毒

消毒前要先进行清扫，清扫时对干燥粪便和垫草要洒消毒液，以防病原体随尘土飞扬散播，所清扫的污物应放在指定地点烧毁或深埋。清扫后，对鹿、貉、狐和水貂的笼、小室、盆、水盒等，要选用适宜的消毒药进行消毒。

（2）其他消毒

每周用2% ~ 3%热碱水将鹿、貉、狐和水貂的食具消毒1次。用0.1%高锰酸钾溶液将水盆消毒1次。绞肉机、饲料锅用后要清洗干净。饲料池一定要清洁，防止污染。鹿、貉、狐和水貂笼中的剩食和食盆中的残食必须及时清理。

对饲养管理用具及运输工具等应进行消毒，车辆、用具等在运输前后都必须在指定地点进行消毒，以防疫病的扩散传播。对运输途中未发生传染病的车辆，进行一般的粪便清除及热水洗刷即可。运输过程中发生过一般传染病或有感染一般传染病可疑者，车厢应先清除粪便，用热水洗刷后再进行消毒。运输过程中发生恶性传染病的车厢、用具应经2次以上的消毒，并在每次消毒后再用热水清洗。处理的程序是：先清扫粪便、残渣及污物；然后用热水自车厢顶棚开始，渐及车厢内外进行各部冲洗，直至洗水不呈粪黄色为止；洗刷后进行消毒。接触过恶性传染病病畜的车厢，应先用有效消毒药液喷洒消毒后再彻底清扫。清除污物后再用消毒药消毒。两次消毒的间隔时间为半小时。最后一次消毒后 2 ~ 4h 用热水洗刷后再行使用。没发生过传染病的车厢内的粪便，不经处理可直接作肥料；发生过一般传染病的车厢内的粪便，须经发酵处理后再利用；发生过恶性传染病的车厢内的粪便，应集中烧毁。

饲养员和兽医防疫人员因经常接触病鹿、貉、狐和水貂，应做好本身的防护和工作服、围裙、鞋帽等的消毒工作。在养殖场的饲养管理人员、防疫员及其工作器械常会被污染，因此，工作人员在工作结束后，尤其在场内发生疫病时处理工作完毕，必须经消毒后方可离开现场，以免引起病原体在更大范围内扩散。消毒方法是将穿戴的工作服、帽及器械物品浸泡于有效化学消毒液中，工作人员的手及皮肤裸露部位用消毒液擦洗、浸泡一定时间后再用清水清洗掉消毒药液。对于接触过烈性传染病（如炭疽）的工作人员可采用抗生素预防治疗。衣物平时的消毒可采用消毒药液喷洒法，不需浸泡，直接将消毒液喷洒于工作衣、帽上；工作人员的手及皮肤裸露处以及器械物品可用蘸有消毒液的纱布擦拭，而后再用水清洗。

二、饲料及饮水的管理及消毒

鹿、貉、狐和水貂场应单独设置饲料库、饲料调配间；禁止从疫区采购饲料，兽医人员对进场的饲料应严格进行卫生和品质检查。如果有污染或腐败变质的饲料及死亡原因不明的动物性饲料，都应拒绝购进。

1. 饲料消毒

（1）动物性饲料的消毒和处理

① 鲜海鱼和鲜牛羊肉、碎兔肉及内脏，对于貉、狐和貂适口性好，可先去掉大块脂肪，洗净粉碎生喂。

② 质稍差但还可生喂的肉、鱼，先清水洗涤，后用 0.05% 高锰酸钾液浸泡消毒 10min，再用清水洗涤；粉碎生喂。

③ 淡水鱼和变质肉类，要熟制后饲喂。隔夜的肉必须经煮熟后再加工饲喂。淡水鱼不要煮得太久，达到消毒和破坏硫胺素酶即可，宜采用蒸煮、蒸汽高压、短时间煮沸消毒。尸体、废弃的肉类和痘猪肉等用高压蒸煮法处理后饲喂。

④ 质优的动物性干粉（鱼粉、肉骨粉），经 3 次换水，浸 4h，减盐后，与其他饲料混合生喂。干鱼含有 5% ~ 30% 的盐，喂前用清水浸泡，冬季浸泡 3d，每天换水 2 次；夏季浸泡 1d，换水 4 次，浸泡彻底后饲喂。无盐干鱼浸泡 12h 即可达到软化的目的，浸泡后的干鱼经粉碎处理，再同其他饲料混合生喂。对于难消化的蚕蛹粉，与谷物混合蒸煮后饲喂。质差的干鱼、干羊胃等，除洗涤、浸泡或用高锰酸钾液消毒外，还要蒸煮处理。高温干燥的猪肝渣和血粉等，除了浸泡加工之外，还要经蒸煮，以达到充分软化的目的，这样可提高消化率。

⑤ 表面带有大量黏液的鱼，按 2.5% 的比例加盐搅拌，或用煮开的热

水浸烫，除去黏液；味苦的鱼，除去内脏后蒸煮熟喂，这样既可以提高适口性，又可预防动物患胃肠炎。

⑥ 咸鱼要切成小块，用海水浸 24h，再用淡水浸 12h，换水 4 次，待盐浸出后使用。新鲜的可生喂，质差的要熟喂。

（2）蛋奶类饲料的消毒

喂鹿、貉、狐和水貂的蛋类须经煮熟饲喂。既可煮熟后去壳绞碎饲喂，也可将蛋打破搅拌或倒入沸水中煮片刻捞出，然后再拌入饲料中饲喂。对孵化死于蛋壳内的毛蛋，必须经煮熟后方可饲喂。鲜奶要先用 60℃ 水浴消毒半小时，或者煮沸后饲喂。

（3）蔬菜类饲料的消毒

用于喂鹿、貉、狐和水貂的蔬菜，一定要新鲜，饲喂前要去掉黄、老、腐烂的部分，然后洗净绞碎饲喂。被农药污染的蔬菜，要严禁用于喂貂。

2. 饮水管理

饮水以选用自来水为好。对鹿、貉、狐和水貂场的自备水源，则要进行微生物及寄生虫学检查，饮用水应不含病原微生物、寄生虫虫卵及水生植物；有毒物质不超过最大允许浓度，微量元素不能低于正常值。水貂喜欢玩水，貂舍内要放足清水。水盆中饮水常被粪便及饲料污染，分解出一些有害物质，因此，最好每隔 3 ~ 4h 换 1 次饮水，保持饮水清洁。

三、妊娠期母兽与出生仔兽的消毒

在配种期、母兽妊娠期和哺乳期，水一定要供足，饲料加工用具、食槽、饮水器等必须每天清洗，每周消毒 1 次，鹿、貉、狐和水貂笼舍要保持清洁，定期消毒。

1. 妊娠期母兽的消毒保健

母兽进入妊娠期必须加强管理，舍内要经常保持安静，清洁干燥，采光良好。垫草应当柔软、干燥，并定期更换。北方因冬天寒冷，垫草更为重要，其厚度为 15 ~ 20cm。圈内不能积雪存冰，降雪后立即清除。妊娠母兽冬季要饮温水。饮水槽定期清理消毒。要经常保持有足够的清洁饮水。助产时术者指甲必须剪短磨光，手指和手腕、母兽阴门及其周围，以及器材等应实行严格消毒。坚持定期消毒的原则，避免有害微生物污染母兽乳房及乳汁，从而引起仔兽疾患。

2. 产仔前产室的消毒

产仔前 1 周左右，饲养人员就须做好产仔的一切准备工作。在母兽产前要做好以下准备工作。

① 小室的消毒和保温。产仔前为预防仔兽发生疾病，要清理产室内的粪便、污草和剩食，用自然紫外线消毒后，可用 1% ~ 2% 苛性钠水溶液洗刷或用喷灯进行火焰消毒，消毒后铺入新垫草，做好产窝。小室四角用草铺满，不留空隙，小室内要经常保持有清洁、干燥、充足的垫草。这样做可增强产箱的保温性能，提高仔兽成活率；对不会做窝的母兽要人工营巢，以利于母兽产仔，在产仔期始终保持垫草厚软。

② 准备产仔期所用的各种工具，如剪刀、药物、保温袋等。

③ 经常保持饲养棚地面、笼舍和各种用具的清洁。对食具每次用后要洗刷，每周要消毒 1 次。

3. 初生期仔兽的消毒保健

初生期仔兽的生理功能和抗御能力还不健全，急需人为的辅助护理。尤其是早春时节出生的仔兽，要特别注意圈内的保温、防潮工作，可在产圈里垫软干草，平时要特别注意仔兽的卫生管理，周围的器具、垫草等要消毒处理。初生仔兽喂过 3 ~ 4 次乳汁后，需要检查脐带，如未能自然断脐，可实行人工辅助断脐，并用碘酊进行严格消毒。

4. 人工哺乳时的消毒保健与饮食

人工哺乳的卫生要求比较严格，仔兽人工哺乳用的牛奶、羊奶必须经过检疫，确属健康的才能使用。必须坚持做好乳汁、乳具的消毒，防止乳汁中出现细菌而发生酸败。哺乳用具必须经常保持清洁，用后要刷洗干净。为了预防人工哺乳的仔兽患肠炎，应定期在乳中加入抗生素。

仔兽哺乳期排出的粪便会被雌兽吃掉，一旦仔兽开始吃饲料，雌兽即不再食仔兽粪便。因此，必须经常打开窝箱，及时清除粪便、剩食等污物，保持窝箱的清洁卫生，这样做可促进仔兽生长发育，提高成活率。断乳工作开始前，要准备好消毒火菌的笼舍。笼或窝箱如果带菌，往往易感染抵抗力弱的仔兽，甚至造成死亡。仔貂断奶开始喂食时，以饲喂易消化、营养丰富、新鲜的肉类和蛋类饲料为主，适当喂些鲜鸡肝、鲜鱼类、鲜菜类饲料，同时确保饮足清水。

四、水貂、貉、狐和鹿场常用消毒剂及其使用

消毒药品的选择要有目的性，应针对疾病用药。消毒药品选定后，要了解其使用方法和使用浓度，如果浓度过大，除造成浪费外，还容易引起动物中毒；浓度太低，达不到消毒和杀菌灭毒的目的。在使用化学药物杀灭病原体时，既要考虑药物浓度对病原微生物的作用，也要考虑药物对动物的影响和对环境的污染。

貉、狐和水貂场常用的消毒剂见下表。

貉、狐和水貂常用的消毒剂

消毒剂	使用浓度	使用对象	注意事项
漂白粉	100mL 水中加 0.3 ~ 1.5g 或 5% ~ 20% 混悬液	100mL 水中加 0.3 ~ 1.5g，适用于饮水消毒；5% ~ 20% 混悬液适用于粪便、墙壁、地板和水消毒	
氢氧化钠	1% ~ 4% 热水溶液	被细菌、病毒污染过的用品	金属器械和笼子不能用，易造成腐蚀
石灰乳	用 1 份生石灰加入 1 份水制成熟石灰，再用水配成 10% ~ 20% 混悬液	用于地面、粪便消毒	只能储存数小时，时间过久则失效，需现用现配

续表

消毒剂	使用浓度	使用对象	注意事项
来苏儿	1% ~ 2% 或 5%	1% ~ 2% 来苏儿水溶液用于体表、手指和器具的消毒；5% 来苏儿水溶液可用于笼舍、污物的消毒	剧毒，小心勿食
甲醛溶液	2% ~ 4%	消毒地面、护理用具及食具等	
高锰酸钾	0.1% ~ 0.5%	肉、菜、貂用食具和地面	

鹿常用的消毒剂见下表。

鹿常用的消毒剂

消毒剂	使用浓度	使用对象	注意事项
氢氧化钠	1% ~ 4% 热溶液	鹿圈、车船、用具等	对病毒性传染病消毒效果好。对皮肤有腐蚀作用，鹿圈消毒后数小时用清水冲洗，才能进鹿
生石灰	10% ~ 20% 乳剂	鹿圈、车船、用具等	必须新配制，如用 1% ~ 2% 碱水和 5% ~ 10% 石灰乳配合消毒，效果更好
草木灰水	10% ~ 30% 热溶液	鹿圈、车船、用具等	用 2kg 草木灰加 10L 水煮沸，过滤后备用，用时再加 2 ~ 4 倍热水稀释
漂白粉	0.5% ~ 20%	饮水、污水、鹿圈、用具、车船、土壤、排泄物	含氯量应在 25% 以上，新鲜配制，用其澄清液。对金属用具和衣物有腐蚀作用，鹿圈消毒后应彻底通风，以防中毒
来苏水	2% ~ 5%	手术器械、用具、洗手等	用于含大量蛋白质的分泌物或排泄物时，效果不够好
克辽林	2% ~ 5%	鹿圈、土壤、用具等	用于含大量蛋白质的排泄物的消毒
石炭酸	3% ~ 5%	一般器械和用具	不适于含大量蛋白质的排泄物的消毒

续表

消毒剂	使用浓度	使用对象	注意事项
甲醛溶液	5%～10%	鹿圈、实验室、空气消毒；亦常用于毛皮、金属和橡胶制品的消毒	空气和毛皮消毒时，可用甲醛熏蒸法，每立方米空间用福尔马林25mL加水12.5mL，加高锰酸钾12.5g，密闭消毒，12～24h后彻底通风

第三节　养兔场的消毒

一、人员消毒

外来人员谢绝进入兔舍，饲养管理人员要经过紫外线照射、脚踏消毒池（在出入口建造消毒池，池内放置5%的火碱溶液）和换工作服后方可进入兔舍。饲养人员穿戴好工作服上班工作，工作前要做好兔舍的清洁卫生；接触兔前要用2%的来苏儿溶液或5%的新洁尔灭溶液或0.1%～0.2%的益康溶液洗手消毒。工作服每周要清洗消毒2～3次。

二、环境消毒

兔舍地面、运动场要勤清扫，3%～5%的来苏儿溶液、0.01%～0.05%的复合溶液（农福、菌毒敌、菌毒净等）、0.5%～1.0%的过氧乙酸溶液、0.1%的强力消毒灵每周消毒1～2次；墙壁、顶棚每4周清扫一次，进行喷洒消毒；舍外地面、道路每天清扫，3%～5%的火碱溶液或5%的甲醛溶液每周喷洒消毒1～2次。

三、设备用具消毒

进入兔舍的设备、用具要用 0.5% ~ 1.0% 的过氧乙酸或 0.01% ~ 0.05% 的新洁尔灭溶液浸泡消毒；水槽、食盆每天清洗，每周用 0.01% ~ 0.05% 高锰酸钾溶液或 0.5% ~ 1.0% 的过氧乙酸浸泡或喷洒消毒 1 ~ 2 次；兔笼每 2 周洗刷喷洒消毒 1 次，笼底板每周洗刷消毒 1 次；其他用具保持清洁卫生，经常消毒。饲料也要进行熏蒸消毒。

四、粪便消毒

兔舍内的粪便随时清理、冲洗干净，可用 10% ~ 20% 的石灰乳或 5% 的漂白粉搅拌消毒。

五、消毒杀虫

夏、秋季定期喷洒 0.1% 的除虫菊酯等防止蚊蝇的滋生。

第四节　水产养殖场的消毒

一、环境消毒

水产养殖场场内及周围环境定期消毒。每周使用福尔马林稀释成 5% 的浓度进行环境喷洒消毒一次；或撒布新鲜的生石灰进行消毒；或用 1 份 EM 生态制剂兑 50 份水，在晴天的傍晚对养殖场进行消毒。

二、池塘消毒

1. 池塘空闲时的消毒

（1）曝晒消毒

养殖户可以利用冬闲季节或养殖空闲期，结合养殖茬口安排，将塘中水抽干，让池底、池塘曝晒数日，以消灭底泥及池边的细菌、寄生虫等有害物质，为下一季的生产提供良好的环境。一般来说，在阳光直射的条件下，经6个小时的日晒，多数细菌就会死亡，即可达到消毒的目的。在冬季及阳光不充分的条件下，应尽量延长日晒时间；在夏季及阳光充足的条件下，则应适当减少日晒时间。

（2）冰冻消毒

多数病菌及寄生虫在0℃以下的环境下都不能存活。鱼池在冬捕完毕后，经冰冻10～20d，彻底消灭残存的细菌及寄生虫。

（3）药物消毒

起捕后的空闲鱼塘，若来不及冰冻、日晒，也可用生石灰、漂白粉等药物加重用量全池泼洒，即可达到池塘药物消毒的目的。通常每亩用量是：生石灰干法消毒75～100kg；带水消毒平均1m水深10～20kg；漂白粉平均1m水深用13～15kg。一星期后，池塘即可放养。

（4）冲洗消毒

在鱼池及渔具、食台等地方，用干净的水源水进行机械清洗，可直接冲走污物、残饵等杂质，也可间接消除吸附在其表面的细菌、虫卵，以增强消毒效果。

2. 池塘使用过程中的消毒

养殖过程中，由于污物的积累及残饵的日益增多，待水温适宜时，水中也会滋生大量细菌、病毒及寄生虫，若不及时采取水体消毒措施，就会造成水生动物疫病的发生和蔓延，最终将会给养殖户带来损失。这时，养殖户可用季铵盐类、生石灰、氯制剂、碘制剂等有效药物，按要求的用量全池泼洒，泼洒时应力求均匀，最好不留死角，才能够达到消毒的目的。如季铵盐类消毒剂由于作用时间长，即使在相对静止的水体中，亦可通过扩散作用使部分药物到达底层；而胺盐类消毒剂则特别适合于海水水体消毒，也适合在用了生石灰调节水质后的水体消毒（在pH=3时效果很差；在pH=8～10时效果最好，很多消毒剂如含氯消毒剂、含碘消毒剂等都不宜和生石灰同用）。在养殖动物放养或分池时，新池中使用0.3～0.5g/m³水；疾病预防时，全池泼洒0.5～0.8g/m³水，每10d一次；疾病治疗时，全池泼洒0.8～1g/m³水，隔天一次，连用2～3次。

如要防治水产养殖动物白斑病，可使用福尔马林40～70mL/m³水，隔天一次，连用2～3次。可在养殖池中使用EM生态制剂进行消毒，分2～3次进行。第一次每立方米用5mL EM生态制剂，用水稀释后泼洒；隔10d后，每立方米用2mL泼洒；视水体情况，间隔20d后再使用。

三、水生动物消毒

放养鱼种前，用药物化成溶液后浸泡鱼体，能快速杀灭鱼体表面及鳃部的寄生虫，还会愈合伤口，快速恢复鱼、虾、蟹等水生动物的体质。养殖户应根据季节、时间、温度、鱼种等不同情况，选择不同的鱼体消毒药物。通常鱼体消毒药物的浓度是硫酸铜8mg/L、漂白粉10mg/L、高锰酸钾10～20mg/L、敌百虫3mg/L或食盐3%～5%。如每立方米水用8g硫酸铜和10g漂白粉，药浴10～30min，能杀灭鱼体表面及鳃上的细菌、原虫和孢子虫（形成孢子虫囊的除外）。

四、给饵消毒

在鱼病高发季节或养殖过程中，可以不定期地在投喂的饵料中拌入一定比例的药物，通过摄食，药物进入体内，也能达到消毒鱼体、防治病害的目的。常用的拌饵药物有：大蒜素、敌百虫、三黄粉、止血灵及EM生态制剂等。如按饲料的0.5%比例，将EM生态制剂直接拌入饲料中，即拌即用，可以减少疾病发生，提高饲料利用率。

五、废弃物消毒

　　鱼池边的废弃物及病死水生动物的尸体等要装入密封的袋内，运到指定地点进行消毒处理。焚烧是最彻底的一种消毒方法，可先将这些物质晒干，再进行焚烧。焚烧时，人须站在上风口，焚烧后的灰烬要及时消除，最好深埋，不要随便放在池边，以防造成污染。

六、器具消毒

　　在催产亲鱼时，使用的注射器、解剖刀等金属和玻璃制品等应进行消毒。蒸煮消毒效果良好。蒸煮能使细菌体内的蛋白质凝固变性，大多数病原体经过 15 ~ 30min 的蒸煮均可死亡。

七、特殊消毒

　　如人工催产后的亲鱼及龟鳖等特种水生动物体表发炎或受伤，可用药膏涂抹在伤口及病灶处，以杀死细菌、消除感染，使身体快速生长。常用的体表涂抹药物有：氟哌酸软膏、四环素可的松软膏、硫黄软膏等。

第十章
消毒效果的检查

第一节 灭菌和消毒的合格标准

一、灭菌的合格标准

灭菌是否合格，要通过灭菌试验和灭菌检测来确定。灭菌的定义是绝对不存在任何存活微生物状态，一般以灭菌实验方法检测细菌和真菌是否存活来判定。根据目前的灭菌方法和实验方法，达到绝对无菌是比较困难的。所以，国际上规定无菌产品的灭菌水平保证在 10^{-6}，即通过规定灭菌剂量处理后，灭菌物品的细菌生长概率不超过百万分之一。对无菌样品抽检，应达到所有抽检样品全部无细菌生长，方可认为灭菌合格。杀灭率的计算公式如下：

$$杀灭率 = \frac{原有微生物数 - 消毒后存活微生物数}{原有微生物数} \times 100\%$$

二、消毒的合格标准

某种消毒方法经过人工灭菌实验测定，对微生物杀灭率达到 99.99% 以上（按国家卫生部《消毒技术规范》规定的标准消毒实验方法进行检测），即认为合格。现场检测结果达到对自然菌杀灭率90% 以上即认为合格。

第二节　消毒效果的检查方法

一、清洁程度的检查

检查地面、墙壁、设备及圈舍场地清扫的情况，要求做到清洁、干净、卫生、无死角。

二、消毒剂的检查

查看消毒工作记录，了解选用消毒药剂的种类、浓度及用量。检查消毒药液的浓度时，可从剩余的消毒药液中取样进行化学检查。要求选用的消毒药剂高效、低毒，浓度和用量必须适宜。

三、消毒对象的细菌学检查

（一）表面消毒效果的检验

消毒前，用一无菌棉棒在一定面积的设备、器具、地面或墙上反复擦拭，然后将棉棒头端剪下，放进肉汤中，反复振摇后，吸取0.5mL肉汤接种于琼脂平皿上，37℃培养24h，计算平皿上生长的菌落数。经过消毒之后，同样用棉棒在相同面积的部位上擦拭和进行处理，然后计算平皿上的菌落数。消毒效果按下列公式计算：

$$细菌清除率（消毒效果）= \frac{消毒前的菌落数 - 消毒后的菌落数}{消毒前的菌落数} \times 100\%$$

（二）空气消毒效果的检验

对鸡舍内的空气或带鸡消毒后，可用下列方法之一来检验消毒效果。

1. 平皿暴露法

关严门窗与通风口后，在鸡舍的四角与中央，各放 1 个打开盖的琼脂平皿，30min 后加盖，37℃培养 24h，计算消毒前平皿上生长的菌落数。消毒后，按上法在相同的地点取样培养，计算消毒后平皿上生长的菌落数，按前述公式计算细菌清除率。

2. 液体吸收法

鸡舍在消毒前后各取 100L 空气，分别注入 10mL 生理盐水内，然后分别取消毒前后的生理盐水各 0.5mL，接种至琼脂平皿内，37℃培养 24h，分别计算消毒前后平皿上生长的菌落数，按前述公式计算细菌清除率。

（三）消毒液的检验

已用过数日或数次的消毒液是否尚有效，是可以继续使用还是需要更换新的消毒液，需要对消毒液进行检验。取 1mL 消毒液接种至 9mL 肉汤内，充分混合后，取 2 个平皿各接种 0.5mL，37℃培养 3 ~ 7d；如果平皿内生长的菌落总数超过 5 个，则该消毒液的消毒效果不好，需要更换新的消毒液。